水族箱造型与造景设计大全

占家智　主编

中国农业出版社

内容简介

水族箱造型与造景设计大全

　　本书是一本集实用、欣赏于一体的家庭休闲彩色版图书，既可作为家庭水族箱的护理与设计用，也可作为业界人士造景参考的一本好书。本书内容全面，包括水族箱的历史演变与选择、水族箱的四大基础设施与附属设施、家庭水族箱的护理、各款不同水族箱的种类与造型设计、水族箱的造景主体与造景技巧、水族箱的造景步骤与欣赏、不同水族箱的别具特色的造景设计等等。重点突出了水族箱的各种造型与设计、不同生态环境下的水族箱造景与设计，通过本书一步一步地讲解，读者朋友可以轻松地掌握水族箱的各种知识，更好地为自己所喜爱的水族箱进行创意设计。

　　本书行文流畅，结构合理，图片众多，美丽多姿，实为一本物美价廉的水族业界的好助手。

编著者名单

主　　编　　占家智

编　著　者　　占家智

羊　茜

明宝红

刘学华

前 言

水族箱造型与造景设计大全

　　水族箱是自然景致的缩影，是水底丰富多彩生活在居室里的微缩园林，越来越多的人喜欢用水族箱来布置居室、办公室和商场。经水族箱修饰后的环境，更是清新幽雅，贴近自然，既不失富丽堂皇之美，也是现代都市人轻松和休闲的一种最佳方式。因此，水族箱造景已经成为一种文化、一种时尚、一种品位和一种高品质的生活情调，成为众多水族爱好者欣赏、讨论和研究的新宠。

　　让爱好生活的人拥有一款适合自己的水族箱，帮助爱好水族箱的人们设计水族箱造景，指导水族造景爱好者赏析水族景致，这就是我们写作此书的目的和宗旨。

　　本书是目前我国水族箱方面的一本最全面、最系统的著作，也是水族书籍中恢宏大气、精美制作的代表作品之一。本书内容全面，涵盖了水族箱的基础知识、基本设施，水族箱在家居中的布置，水族箱的护理，水族箱的造型、造景与欣赏及设计等方面，图片全新，清晰明了，采用全彩印刷，集实用价值、指导价值和收藏价值于一体。

　　在成书过程中，得到了北京各水族市场和广州水族市场的全力配合，在此一并致以诚挚的谢意！

占家智

水族箱造型与造景设计大全　目　录

前言

第一章　水族箱概述　　1

一、水族箱的历史演变　　1
　（一）水族箱的概念　　1
　（二）水族箱的优点　　2
　（三）水族箱的发展历程　　5
　（四）水族箱的发展趋势　　8

二、水族箱的选择　　9
　（一）水族箱的款式　　9
　（二）水族箱的选择　　10
　（三）水族箱的放置　　12

第二章　水族箱的基础设施　　19

一、水族箱的过滤设施　　19
　（一）过滤系统的构造与功能　　19
　（二）过滤器　　20
　（三）滤材及用法　　22

二、水族箱的温控设施　　23
　（一）加热棒　　23
　（二）底部加温管线　　24
　（三）温度自动控制器　　24
　（四）离水断电加热棒　　25
　（五）冷却器　　25

三、水族箱的充氧设施　　25
　（一）充气的作用　　25

　（二）充气泵的选择　　26
　（三）充气泵的使用　　27

四、水族箱的照明设施　　27
　（一）荧光灯　　27
　（二）水银灯　　28
　（三）金属卤素灯　　29
　（四）照明技巧　　30

五、其他的附属设施　　30
　（一）水生植物和人造水草　　30
　（二）沙砾　　30
　（三）岩石和沉木　　31
　（四）各种装饰物　　32
　（五）背景板　　32
　（六）测试盒　　32
　（七）其他的附属品　　33

六、水族箱的清洗　　34
　（一）淡水水族箱的清洗　　34
　（二）海水水族箱的清洗　　36
　（三）人工海水的配制　　38

七、水族箱的护理　　39
　（一）经常检查水体　　39
　（二）及时添施肥料和饲料　　39
　（三）调节水质　　40
　（四）控制光照　　41
　（五）调节水温　　41
　（六）及时清洁箱体和清洗底沙　　41
　（七）及时清理过滤器等设备　　42
　（八）水族箱的健康检查　　42
　（九）几种特殊情况下的护理　　42

目 录 水族箱造型与造景鉴赏大全

第三章　水族箱的种类与造型设计　43

一、水族箱体的种类与造型　43

（一）根据水族箱的制造材料区分　43
（二）根据有无边框区分　44
（三）根据水族箱的配备区分　44
（四）根据造型区分　45
（五）根据功能区分　46
（六）根据大小区分　47
（七）根据放置方式区分　47
（八）根据养殖对象的习性区分　47
（九）根据养殖对象区分　47

二、水族箱底柜的选择与保养　49

（一）水族箱底柜的绿色环保　49
（二）水族箱底柜的健康安全　49
（三）水族箱底柜的日常保养　50

第四章　水族箱造景与设计　51

一、水族箱的造景主体　51

（一）常用于水族箱造景的观赏鱼　51
（二）常见观赏水草　61
（三）珊瑚及无脊椎动物　67
（四）观赏龟　72

二、水族箱造景的基本知识　73

（一）水族箱造景的概念及置景方法　73

（二）造景的搭配技巧　75
（三）水族箱造景的原则　75
（四）水族箱造景的方法　78

三、水族箱的造景步骤　78

（一）水族箱的处理　78
（二）水草选择与处理　80
（三）水族箱的处理　81
（四）水草的种植　81
（五）水族箱配套设备的安装　83
（六）水草同居鱼的放养　84
（七）水族箱的维护　85

四、水族箱的欣赏　86

（一）赏鱼　86
（二）赏器　86
（三）赏景　87

五、水族箱的造景设计　87

（一）金鱼、锦鲤水族箱造景设计　88
（二）热带鱼水族箱造景设计　89
（三）海水鱼无脊椎动物水族箱造景设计　97
（四）水草造景设计　100
（五）生态缸造景设计　108
（六）掌中缸造景设计　114
（七）饰物造景设计　116

参考文献　121

一、　水族箱的历史演变

随着科学技术的发展和社会的进步，人民的生活水平不断提高，休闲健康的生活理念已经融入到现代人的生活气息中，观赏鱼与水族箱成为人们的宠物，加上观赏鱼有"风声水起好运来"的美名，许多单位的大堂（图1）、经理办公室（图2）都摆设了豪华大气的水族箱，而家居中摆设一款新颖大方的水族箱，曾是许多家庭的梦想，也是一个家庭地位与财富的象征。

（一）水族箱的概念

人类在认识自己和认识自然的过程中，不断地认识动物、驯养动物和利用动物，鱼类是人类最早认识和驯养的动物之一，将水生动物饲养在人工修建的水塘和鱼池里（图3），用于观赏和休闲，形成了水族箱的雏形。水族箱，最初是由玻璃缸发展而来（图4），它是家庭中饲养观赏鱼类常用的较大容器之一。为了防止长期的日晒雨露而导致箱体或箱架变形，或者防止玻璃表面变得粗糙而影响观赏效果，一般是将水族箱置于室内，常用来装饰客厅、卧室（图5）或点缀宾馆及游乐场所。还有的水族馆采用大型的豪华水族箱，可以让游客达到身临其境的效果。家庭水族箱或迎门而立，或修饰楼梯口，或置于卧室桌椅上，或与茶几相映成趣（图6），或嵌壁成画（图7），不一而足。

图1　酒店大厅里的水族箱气势磅礴

图2　经理办公室的水族箱

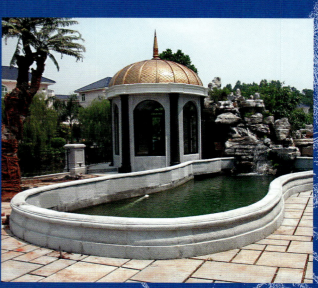

图3　人工修建的观赏池

1

图4　玻璃缸

图5　装饰卧室

图6　茶几水族箱

图7　嵌壁成画

（二）水族箱的优点

水族箱是以箱体为养殖观赏鱼的载体、以水质的全人工调控为手段、以饲养观赏鱼供家人欣赏、消闲和娱乐为目的。它具有以下几个显著的优点：

1. 修饰环境　在水族箱中欣赏多姿多彩的游姿、令人赏心悦目的色彩、心旷神怡的造景、别具特色的海底世界，这是许多观赏鱼爱好者的最初观点。加上水草形状优美、颜色嫩绿、婀娜多姿，配以形形色色的岩石及流水等饰物，效果会更加美观、大方，已成为现代人修饰环境的主要方式之一（图8）。

2. 美化居室　在水族箱中栽种适宜的水草，活泼可爱的鱼儿在翠绿色的水草丛中来回嬉戏、游玩，真正是动静结合，相得益彰，"静的诗"衬托了"动的画"的美丽与活泼，美化了居室环境，令人耳目一新（图9）。

3. 有利于提高精神享受，促进文化消费　观赏鱼被誉为"活的诗，动的画"，画中的水、画中的草都是活的，鳞光闪闪、清水悠悠，真是"目尽尺幅，神驰千里"。金鱼性情文雅，色彩艳丽，体态雍容华贵；热带鱼五光十色，华丽绝伦，活泼欢畅，一台热带鱼水族箱也是绚丽多姿的热带世界，一台海水水族箱就是一幅海洋景观。

4. 有益于身心健康　老年人和慢性病患者可通过饲养观赏鱼、换水喂食和擦洗水族箱等适宜的劳动，来增加生活中的乐趣，增强肌体功能；工作

2

图8 修饰环境

图9 美化居室

紧张的人，通过赏玩水族箱、饲养观赏鱼，来缓解疲劳，放松精神，有助于身心健康和战胜疾病。

　　5. 具有天然加湿的优点　家庭居室摆设水族箱，不仅可以使你欣赏到水中美景，还可以达到对室内环境起到天然加湿的效果。因为生态水族箱里的水分不断地蒸发到室内空气中，使干燥的空气湿度增大，对防止衰老、预防支气管疾病和心血管疾病都有良好的效果（图10）。

图10　天然加湿

图11　儿童喜欢水族箱，寓教于乐

6. 寓教于乐，开发智力 现代生活把水族箱当作科普、装饰、教育、娱乐和休闲的方式，一台水族箱就是一本活的教科书，观赏鱼的种类繁多，分布不同国家的河流海域，每一种鱼都有它的学名、俗名、产地、分布、历史以及各种动人的神话、传奇。因此，家庭养殖观赏鱼，有一个重要功能就是寓教于娱乐之中。对培养孩子们热爱大自然，热爱生命和学习生物、地理、历史知识都有着重要的作用（图11）。

（三）水族箱的发展历程

根据观赏渔业的发展历程，一般认为水族箱的发展主要经过以下几个阶段：

第一个阶段是放生池。它是现代水泥池养殖和土池养殖的早期形态，最早的放生池当属东汉明帝永平2年洛阳白马寺中的鱼类放生池。最有名的放生池是宋代嘉兴城外月波楼下南普济院瑁池（即现在的南湖），曾被命名为"金鱼池"，后又改为放生池，池后面的普济院，也改名为金鱼寺（图12）。为了适应养殖的需要，土池和小型水泥池开始被广泛用于庭院、花园和公共场合养鱼（图13）。

第二个阶段是木盆或陶盆、泥盆、瓷缸、瓦盆和塑料盆（图14、15、16、17）。到了南宋，为适应社会上的养鱼需要，一些人专门从事起凿池、捕捉、喂养、选种的工作，这是我国金鱼养殖技术的萌芽。到了明代中后期，盆养金鱼已成为普通的养殖方式，金鱼的饲养又繁盛起来，饲养和繁殖技术有了迅速提高。随后，陶盆、泥盆、瓦盆也渐渐地进入了观赏鱼养殖与欣赏者的视野，它们都是较早的一些饲养容器。此类容器透气性能好，在正常密度下饲养，不易缺氧，而且由于搬动方便，其设置的数量和位置随意性强。因此，在我国曾广泛被用来进行观赏鱼的饲养、繁殖与观赏。

图12 嘉兴金鱼放生池

图13 室外水泥养殖池

图14 陶盆养鱼

图15 黄沙缸养鱼

图16 长柱形瓷盆

图18 小型水族箱

　　第三个阶段是玻璃缸与水族箱的发展阶段。玻璃缸有方形、长形、圆形、扁圆形、椭圆形以及太平鼓形等（图18、19、20）。一般体积较小，宜饲养体型小、活动范围不大的观赏鱼，如淡水鱼类中的唐鱼、孔雀鱼、红绿灯鱼和头尾灯鱼，海水鱼类中的雀鲷科鱼类，以供桌上观赏为主，常用于床前茶几上的修饰。

图17 最早的养鱼槽

图19 水族箱

　　据史料记载，到了16世纪，玻璃缸养观赏鱼开始传入欧洲。19世纪出现了公共的水族馆，19世纪末期，美国出现了第一个观赏鱼养殖者俱乐部，当时已经普遍使用玻璃鱼缸。当时的维也纳、巴黎、伦敦等地，都成立更为壮观的水族馆。我国晚清皇宫也开始赏析金鱼，这种金鱼以北京市朝阳区黑庄户的黑龙睛为主，史称"宫廷金鱼"，那时的赏鱼

图20 家庭水族箱

图21 晚清皇宫赏鱼的玻璃鱼缸

图22 海底世界

也是用玻璃缸（图21）。到了20世纪初期，由于电气化的发展，采用安全可靠的电热水族箱用于观赏鱼的养殖与观赏已经成为可能。到了第二次世界大战结束后，以日本为首的锦鲤的大型观赏鱼类的养殖与欣赏，促进了水族箱由小型向中大型水族箱发展。20世纪70~80年代，世界各地风起云涌地兴建

图23 鱼草共生缸

图24 子弹头式水族箱

了水族馆和海洋馆，大型隧道式的压克力水族箱已经成功地被运用在水族事业上。我国于1932年建成的青岛水族馆，标志着我国的水族事业发展进入了近代高速的发展时期。到了20世纪末期，一批应用闭路循环水流等新技术、压克力玻璃等新材料的广州动物园海洋馆、福州左海水族馆、北京富国海底世界、北京太平洋海底世界和大连圣亚海洋世界等的建立，使我国的水族观赏业进入了现代的水族馆发展时代（图22）。与此同时，小型玻璃缸、生态缸、掌上缸和迷你水族箱又回归到了养殖爱好者的桌头案几上的新宠，它们以小巧玲珑、晶莹剔透、传送自然气息的优点，而深受脑力劳动者和家庭的宠爱，尤其是丁克家庭更是爱不释手（图23）。

（四）水族箱的发展趋势

世界经济的迅猛发展，促进人们的生活品质不断提高，养殖观赏鱼成为时尚。同时，养殖观赏鱼具有改善家居环境、陶冶情操的优点，使观赏鱼市场异军突起，形成门类齐全的行业，成为新的经济增长点。这也使得水族箱不仅仅作为观赏鱼养殖的容器，而且已成为家庭、饭店、写字楼中不可缺少的装饰品。水族箱的发展新潮流新趋势主要体现在以下几个方面：

1．水族箱外形发展更趋人性化 20世纪70～80年代，水族箱外形以方形、多边形为主，外表装饰以塑料边条、不锈钢带条为主，整体外形没有大的突破。90年代中期，随着玻璃加工工艺的提高，新型有机材料的引进（压克力材料），水族箱的外形设计有了崭新的变化，产生了无接缝圆柱状水族箱，进而出现子弹头、波浪形和阶梯式的水族箱（图24）。

水族箱尺寸也发生巨大的变化。一方面大型水族馆向大型化发展，出现了一些高3～5米、长几十米、水体达几千立方米至上万立方米的水族箱；另一方面商用水族箱又向小型化发展，出现10升水族箱以至1升的迷你型封闭式小缸，而且照明过滤设备一应俱全，成为礼品新时尚（图25）。

图25 礼品水族箱

2．水族箱过滤系统发展更趋合理化

（1）过滤系统的现代化、复杂化 臭氧发生器、紫外线杀菌系统、封闭式过滤罐、流水蛋白除沫器等设备的引进，使水族箱过滤效果大大提高，水质条件不断改善，完全达到节水的目的。并可免于换水，降低养鱼爱好者的操作强度。

（2）过滤系统日益小型化，更具隐蔽性　新型透明有机材料的出现，使水处理系统在水族箱中的裸露部分更小巧美观，易于隐藏，极大地增强了水族箱的观赏性。

3．水族箱自动化控制更趋先进性　近几年，国内外的一些厂家已开始生产制造自动化水族箱：①通过利用电子控制器，来控制灯光；②利用浮子开关来控制水族箱的补水和换水；③利用温控装置控制水族箱的温度，随时显示水族箱的温度，自动加温、降温，使鱼类生活在适宜的温度范围内。

另外，新兴的网络技术已被利用在水族箱中。使养鱼爱好者在外地出差、旅游时，可通过互联网观察自己的水族箱和观赏鱼。

4．水族箱内布置景观更趋时尚化　现代水族箱布置景观思路发生了重大变化，山石、水草不单单作为背景装饰物，而且成为水族箱的主体，出现水草造景、岩石造景、海水鱼造景和海水珊瑚造景。这些水族箱造景更有层次、更丰富、更具立体感，使水族箱成为一幅栩栩如生的画卷，一台"活电视"，一个生机勃勃的小生态环境（图26）。

图26　生态造景更时尚化

二、水族箱的选择

（一）水族箱的款式

水族箱作为观赏鱼的一种养殖载体，它本身也具有极强的赏析功能，它的观赏价值直接体现在造型上，不同的造型给人以不同的视觉享受。从形状来讲，有长方形、六角形、八角形、高脚酒杯形、椭圆形、菱形、扁圆形和痰盂形等（图27、28）。

长方形家庭水族箱，是市场上最普便也最常见的造型；八角形家庭水族箱，则可以从不同角度欣赏各类观赏鱼的生长状况，也方便变换造景；圆弧形家庭水族箱的线条柔和雅致；双弧拱面形水族箱使观赏视野更广阔，可全方位欣赏缸中景致；波浪形家庭水族箱的设计富于动感，将游鱼绿草映衬得更加生机勃勃；子弹头家庭水族箱，则是传统化造型的又一突破，显得新颖而富于创意，适合做玄关或客餐厅的隔断（图29、30）。

（二）水族箱的选择

水族箱养殖的一个制约因素是：无论箱体的大小，它所容纳的水除了与空气接触的部分外，其他部分都与外界隔离。因此，水族箱中可进行气体交换的面积大小是选择水族箱的重要标准。其他需要考虑的因素是水族箱的形状、所用的材料、制作工艺和整体外观。

次才是消费品。因此，买还是不买，买高档的还是中低档的，像买家电一样，要根据自己的经济能力来决定。

从养殖品种来考虑，收入高的家庭可以优先考虑海水鱼水族箱，而且规则以大一些为好，可达1.5～1.8米；收入低一点的家庭可以考虑金鱼水族箱，规则可以小一点，以60厘米或80厘米为宜；爱好水族生物的学生，可以在床头茶几上摆设一款迷你水族箱或掌上缸。也可根据观赏鱼类的大小来选择合适的鱼缸，如果鱼能长到20～30厘米，那么鱼缸尺寸最少要100厘米×50厘米×50厘米（长×宽×高）（图31）。

图27　长方形水族箱　　　图28　八角形水族箱

图29　波浪形水族箱　　　图30　半圆形水族箱

图31　迷你水族箱

（2）个人爱好的原则　根据自己的爱好去选水族箱的款式，如有的人喜爱直角方形水族箱，有的人可能喜爱圆形、椭圆形敞口陶瓷鱼缸或瓦盆，有的人则喜爱大气恢宏的水族箱，有的人喜爱案头小巧一派的掌中缸。

（3）在家居装饰中整体搭配的原则　购买水族箱一定要与家居装饰的协调统一结合起来。这就要求选择水族箱的形状、大小、颜色及底柜，都要与家居装饰相结合起来，这样搭配起来，你的家居才协调统一。如客厅家具都是以木色为主，不妨选

1. 家庭水族箱的选择原则

（1）合理承受的原则　水族箱不像柴米油盐等生活必需品，一定要购置，它首先是装饰品，其

购木色装饰及木纹色底柜相配套的水族箱来搭配比较协调。

（4）技术支持的原则　水族箱的养护，不仅仅是凭借浓厚的兴趣和充足的资金就能做好的，还需要很强的技术支持。一定要根据你对观赏鱼知识的了解、养殖技术的水平高低来选购水族箱，如果是观赏鱼初级爱好者，技术水平有限，宜选择小型淡水鱼水族箱，可以选择以养金鱼、燕鱼等普通观赏鱼为主的水族箱；拥有很长鱼龄的铁杆鱼迷，技术力量雄厚而且经验丰富，可以选择龙鱼、锦鲤等具有挑战性的观赏鱼来饲养，也可以选择海水鱼和海水珊瑚类无脊椎动物来饲养；如你对水草造景比较感兴趣和了解，你可重点选购以水草养殖为主的水族箱，这类水族箱对配套的灯管、二氧化碳瓶都要求配套（图32）。

（5）服务与品牌原则　购买水族箱一定要选择知名品牌，有质量保证的产品，要选择售后服务好的品牌。

图32　个性化的水族箱

2．水族箱的选择方法

（1）认真选择水族箱体　水族箱体是水族箱的观赏主体之一，更是养殖与赏析观赏鱼的载体。目前，水族箱体主要流行弧形缸，即水族箱的后箱体为矩形，正面呈弧形，这种箱体的优点是大气而且没有棱角，不易伤害人及家居。另一方面，水族箱体的选择也与养殖的观赏鱼有一定的关系。如果是放在桌子上，则宜养 5～8 厘米的幼鱼，选的水族箱体积可适当小些，薄型玻璃质的扁圆形或长方形、六角形均可，长度一般最好不超过60 厘米。如果是放养大型的观赏鱼或30厘米以上的锦鲤或龙鱼，水族箱的体积应该大一点，可采用压克力水族箱或有机玻璃水族箱，长度可达1.2～1.5米，款式以长方形、椭圆形或弧形为宜（图33、34）。

图33　恢宏大气的水族箱

图34　卧室里的水族箱

（2）选择好箱架　中高档的家庭水族箱，都随着箱体配备了精美家俱式底柜，在选择时的重点是要注意表面是否平整，不能凹凸不平，否则的话，一旦装上水的水族箱箱体置于柜面上，由于凹凸不平而导致箱体底部受力不均，极易产生破裂；另外，看看柜面与箱体是否配套，是否协调，柜面的表面不可能比箱体底部小；同时，也要看看底柜的柜门是否严实、符合要求。

（3）辅助器材的选择　水族箱要考虑设施的匹配性，主要检查加温的性能要良好，温度不能失控，也不能漏电；充气增氧的功率要适当；过滤系统要通畅；照明灯管的功率及款式选择要合理。

（三）水族箱的放置
1. 鱼缸放置的原则

（1）安设水族箱的位置，要考虑家居格局和装饰效果，使水族箱既便于观赏又不妨碍其他家具和电器的摆设。

（2）放置后一定要稳定不摇动，否则会非常危险。

（3）放在没有太阳长期直晒的地方，以免影响水温及加速藻类生长。

（4）要放在人来回走动少的地方，以减少对鱼的骚扰。

（5）不要放在风扇底下和门边，以保证观赏鱼不被影子惊吓。

（6）放置位置也要考虑方便对鱼缸的管理；水族箱的位置应靠近电源插座，以免电线长度不够。

（7）不太高或太低以免影响观赏，水族箱安放的最理想高度，应能够使你坐在安乐椅上时舒适地观赏（图35）。

2. 水族箱的安放与家居装饰　水族箱的安放，要根据室内家具的大小、形状以及其他设施的摆布情况而定，一般来说，鱼缸放在近窗比较显眼的地方为宜。因为这些地方一般空气流通好，光线适中，温度变化较小，适合观赏鱼生活。

一般家庭养鱼水族箱的放置，还要考虑配备水族箱的体积和形状，以及准备养多大的观赏鱼和多少观赏鱼等细节问题。根据不同的需求，采用不同的放置方式和放置位置。如果是放在书桌上或家具上的小型水族箱或掌上缸，鱼缸和水的重量要轻些，家具、书桌不至于因长期受压而引起变形。迷你水族箱或掌上缸可以放在靠近光亮处的一侧，便于采光。放置水族箱时，要在底部铺垫一塑料泡沫板或橡胶垫，以保持水族箱的平稳和受力均匀。对于做房间玄关或隔断位置的水族箱，为使箱中水景感观上层次更深，便于聚集光照，可在水族箱背面粘贴海洋水景的背景板。在安放过程中，玻璃水族箱底部应垫上膨化的聚苯乙烯（泡沫塑料），以防止基座表面的粗糙不平，来缓冲不平衡的压力，还可以起到热阻隔的作用。泡沫至少1.25厘米厚，底板和泡沫塑料的大小与水族箱底一致。另外，进水时最好不要一下子放满全缸。而应该隔数小时放一部分，特别是新缸第一次进水时，宜分作 2～3 天逐步加水，这样可以减少水族箱的破损率。

下面介绍几种水族箱在家庭中各个地方的放置位置：

（1）在客厅里的放置位置（图36、37）　宽敞的客厅，放置一款水族造景箱，仿佛是一幅美丽生动的水景画卷，气势恢宏。在客厅中放置的方式很多，既可以放在客厅中的角落，也可以放在客厅中央，和茶几共为一体，时尚新潮。当然也可以以壁挂式或直接嵌入墙体，一幅流动的水族世界跃然墙上。

图35 水族箱安放的理想高度

图36 客厅里的摆设

图37 宽敞客厅里水族箱的放置

（2）在卧室里的放置位置（图38） 在卧室里放一款现代感十足的水族箱，不论大小，在睡眠之前静卧观鱼，既可陶冶身心，又是催眠良药。

（3）在书房里的放置位置 在伏案疾书困倦之时，适时地给大脑和眼球放松一下，欣赏鱼儿的游姿，细品造景的韵味，顿时心旷神怡，身心俱爽。

（4）在橱房、卫生间的放置位置 在这些地方放置水族箱，在吃饭、泡澡和方便之时，可以欣赏水族箱的景致，也可以达到修身养性的目的。

（5）其他地方的放置位置（图39、40） 在楼梯口放置时，可以充分利用楼梯的空间，美化楼梯，又能增添贵族气氛。而作为隔断的水族箱，可以将空间分隔为两个不同的功能厅，也是一个很好的创意。

3．办公室的水族箱装饰 目前，水族箱已不再是家庭居室的专利，像公园、宾馆和饭店等很多场所，都设置了各具特色的水族箱。现在，一些办公室也开始流行水族箱，尤其是以从事水

图38 卧室里水族箱的放置

图39 水族箱在做玄关时的摆放位置

图40 做隔断的水族箱

产、观赏鱼、水族器材、房地产单位、文案工作为主要业务的企业、老板居多,他们别具匠心地用水族箱来布置自己的办公空间,使办公室布置得独特、时尚和充满活力。用水族箱布置办公室有以下几点好处:

(1)美化环境,回归自然 在充满现代感的办公室中,布置一款水族箱,或养热带观赏鱼,或养海水观赏鱼,再分别饰以美丽的水草或珊瑚造景,仿佛把美好的海洋景观搬进办公室,顿时给身居高楼大厦的办公室带

来一份大自然的灵性,让你恍若置身大自然的怀抱,营造了一个优雅、绿色和美丽的办公环境。

(2)缓冲压力,调节视力 调查表明,目前上班族中60%以上的人们都忙于工作,感到身心疲惫,压力太大。同时,由于长时间或过度用眼、用脑,造成视力下降,神经衰弱,从而引起近视、食欲不振、失眠和健忘等症,甚至少数人由于长时间地操作计算机而出现眼睛暴盲或休克现象。因此,在办公室里设置水族箱,可以增加人们对生物的兴趣,工作之余,放下手中的工作,到水族箱前同鱼儿逗趣,起到积极的休息效果,可以调节视神经、放松心情和缓解工作压力的效果。

(3)增加湿度,有益身心 在办公室里设置水族箱,可以使你在欣赏水中美景的同时,还可以起到对室内干燥空气加湿的效果,对防止衰老、预防支气管疾病和心血管疾病有很好的效果(图41)。

(4)公司业务的象征 目前,许多观赏鱼、水族器材企业厂家和个体老板,都在办公室内

图41 办公微形缸

图42 办公室的水族箱

设置不同特点的水族箱，再配以观赏鱼招贴画或公司照片，以显示自己公司的业务特征，同时也是公司业务的一个活广告（图42）。

（5）与客户间多一份话题和谈资 在办公室或会议室内设置水族箱，可以增加本人同客户

图43 会议中心大厅

图44 宾馆大堂

之间的话题。一般客户看到水族箱或可爱的观赏鱼，都会非常喜欢，并不自然地聊起相关的话题，进而增加同客人共同感兴趣的话题，不至于冷场，从而促进主客双方的感情交流，利于谈判或合作的成功。

4．水族景观在公共场所的放置 水族景观在公共场所的放置一般可分为两大部分，一是在室外的公共场所，如公园里的放生池等；另一部分是主要的，可以放置在会议中心大厅、宾馆大堂、厅堂、水族展示厅以及水族箱门市里等诸多场所的水族箱放置方式。具体方式可参考图43、44、45。

5．水族景观在大户型阳台和屋顶上的应用 在阳台或屋顶营造自己的花园生态池，尽情享受自然的美好生活和情趣，让你的房子不再是钢筋水泥，而成为有山有水、有花有草、还有鱼的自然美景，让你在有限的空间内，合理布置好山、水、花卉和树木，掌握营造花园生态池的关键。

设置花园生态池，要注意以下几点：首先要考虑自家阳台或屋顶花园的位置和大小状况，以此确定设置花园生态池的方案，并事先进行必要的改造或装饰。如果阳台是未封闭的，不足5米^2，那你可以考虑设置一个封闭式的小型花园生态池；如果是一个10米^{2}以上的未封闭式大阳台或屋顶花园，那么你可以考虑设置一个大型的露天花园生态池，设置喷泉或假山瀑布，再放上石墩或躺椅，为防止下雨，可建造一个顶棚。未封闭的阳台或屋顶，花园生态池的材料应选用经风雨、耐曝晒的材料，如石头、树木等，花草应选用抗倒伏、喜阳光的植物，同时注意排水，防止雨水泛滥，易被风刮倒的物品和造景材料不宜选用，以免造成损坏。同时，阳台或屋顶不要设置过重的造景材料，如大树和巨石等。

阳台或屋顶花园生态池的防水和排水，是安全方面最重要的考虑因素，否则会造成渗漏、干涸或过量雨水，无法及时排除，影响生态池动植物正常生长，甚至殃及家具或邻居。因此，建造花园生态池，一定要妥善处理防水和排水问题，最好是请专业的防水施工人员设计施工，并作防水试验，以保证生态池保水节水、不渗漏，并能及时换排水，维持阳台或屋顶的干净。

花园生态池中的动物，以各种观赏鱼类为主，如金鱼、锦鲤和红鲤鱼等，也可以考虑放养龟类等

活动量小的动物。

花园生态池设置完毕后，最重要的便是日常维护工作。当你每天亲近自然、在花园生态池小憩、休闲，享受回归自然的美好生活时，还要注意日常的绿化，及时修剪树木、花草、勤浇水、

施肥；要对池中的观赏鱼每天进行适量的投喂，并且每周换水一次，及时做好防堵防漏的检查，操作过程中要避免伤害到花园生态池中的每种动、植物，爱护它们，保护好属于你自己的这份自然生态环境。

图45　厅堂内开放式的观赏池

一、水族箱的过滤设施

有效率的过滤设备，是保证一个干净、健康、繁荣的水族鱼缸的关键组件。观赏鱼在成长过程中吃进和排出量非常大，因此在代谢过程中会产生大量代谢废物，其中对鱼类有毒害作用的代谢有氨和亚硝酸盐，加上残饵，我们必须在其变为有毒物质前将其清除掉，以保障鱼缸内鱼类的生命安全。过滤器利用各种各样的构造过程，从而为我们提供了物理过滤、生物过滤和化学过滤三种形式。这三种形式既独立又有统一，共同完成整个过滤过程，甚至还可为水体补充被消耗的氧分。现在随着科技的日益发展，许多生产厂家已经开发出了专门进行水质处理和消毒的设备，如综合水质处理器、紫外线水质消毒器等（图46）。

图46　组合式水质处理器

（一）过滤系统的构造与功能

在水族箱中设过滤系统有以下功能：促进水流循环，破坏温度成层，使水温维持均衡；防止污泥或细沙粒沉积在植物表面；保持水族箱中气体的交换；将水草所需的养分均匀地散布于水中。利用机械过滤滤除水中的污物杂质，使水质清澈透明，同时为负责分解排泄物和毒素的硝化细菌提供附着，

净化水质，减少换水次数，从而为水族箱中的水草和鱼提供一个相对稳定的生活环境。

1．物理过滤　又称为机械性过滤，是利用机械动力设备，使水族箱的水定向流动，并流经滤材将水中凝结的大颗粒杂质（鱼类排泄物、残余饵料等）吸附于滤材上，从而提高水的透明度，达到净化水质的目的。如过滤棉，能有效把水中的污物隔离。

2．生物过滤　用于生物过滤的菌种主要有硝化细菌和光合细菌等。专门为"消化"废物的各种氮循环细菌，提供定居场所的某种介质被称为生物性介质。适合做生物性过滤

图47　过滤细沙

图48　过滤塑料片

器的介质包括沙、砾石、玻璃沙、各种陶具、塑料模型、生化球、生化棉、陶瓷环、泡沫、珊瑚沙（石）以及各种多孔陶土制品（图47、48），它们均为组成生物过滤系统的好材料。

3. 化学过滤　利用化学反应的方式，将水中有害的有机物或毒素分解、置换为无毒害的其他物质，以净化水质。吸附过滤也是化学过滤的一种，一般采用表面积有较大缝隙且孔隙深入内部的滤材，吸附溶解于水中的有害物质达到去除的目的，像活性炭、离子交换树脂等都是吸附过滤的代表性材料，能吸收有害物质和异味，主要起到控制和稳定水质的作用（图49）。

图49　离子交换树脂

（二）过滤器

过滤器的原理是借发动机使水族箱内的水流经滤材，利用滤材对水族箱内的杂质作物理式的过滤。同时，借滤材上附着的硝化细菌，对水族箱内有机残渣、毒性氨、亚硝酸盐进行氧化分解，最终达到清洁水质、减少换水次数的目的。

1. 上部过滤器　即将过滤装置安装在水族箱顶部的过滤器，其结构包括水泵、输水管和过滤槽，以及过滤槽内置过滤棉、生化棉和过滤沙等过滤材料。由于过滤槽设在水族箱顶部，造景时可以充分利用水族箱的空间，而不致于破坏造景的完整性。但与此同时，过滤槽占去了水族箱顶部大部分空间，而使照明无法得到充分有效的利用，这就要求过滤器要与照明设备有机地安装得体。这种过滤器在用过一段时间后，要及时清洗滤材，否则黏附、累积在滤材上的藻类和杂质，会阻碍水流的通过，影响过滤效果（图50）。

2. 底部过滤器　将滤板设置于水族箱底部，在其上覆盖一层底沙，利用滤板上的沙石作为滤材的过滤方式（图51）。

底部过滤器过滤面积广，能保持造景的完整性，不会影响视觉欣赏，且安装设备简单，花费也小。

3. 沉水过滤器　将过滤装置整个沉入水中的过滤器。其滤材包括过滤棉、活性炭和陶瓷滤珠等，工作原理是利用抽水马达将水直接抽入过滤器内，经过滤材过滤后释出水族箱中（图52）。

图50　上部过滤器

图51　生态缸的底部过滤器

图52　沉水式过滤泵

4．外置式过滤器 即将过滤装置设于水族箱外部的过滤器。根据所设部位的不同，又有外挂式、圆桶式、溢流式过滤等多种方式。

（1）外部吊挂式过滤器 将过滤装置吊挂在水族箱侧方或上方，借助于潜水泵的力，使水流经滤槽的过滤材料，从而净化水质的过滤方式（图53）。

（2）圆桶式外部过滤器 采用密封罐的形式制成的过滤器，罐内装设滤材，滤材中陶瓷滤珠占1/3，上层是粗糙的滤棉与泡沫陶瓷的混合物，占整个滤材的2/3。工作原理是：将水族箱的水利用水位差使其进入过滤器，水流经滤材过滤后，再借助于内藏式的抽水马达的动力，将洁净水抽回水族箱中（图54）。

（3）溢流式过滤器 将过滤装置设在水族箱支架下部，通过两根管道连通水族箱和过滤器。

当水族箱的水面超过管子时，缸水溢流入过滤器，并流经海棉过滤网、活性炭等多种滤材过滤后，借助于水泵的动力，使洁净水经进水管再流回水族箱（图55）。

5．泡沫过滤器 即蛋白质分离器。基本原理是利用液体表面张力的吸附力，达到去除水中颗粒状杂质和溶于水中的有机蛋白质的目的（图56）。

蛋白分离器是海水水族箱过滤系统必不可少的一部分。值得注意的是，大多数蛋白分离器不能用于处理淡水，因为淡水的表面张力较弱，不具备产生大量气泡的条件。

6．超级滤可达海绵过滤器 该过滤器过滤表面积大，且布满适合硝化细菌吸附的孔隙结构，不但可有效滤除水中杂质，而且可培养大量硝化细菌，从而降低水中氨盐、亚硝酸盐和有机残渣的毒性，对净化水质非常有效（图57）。

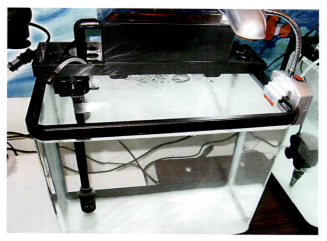

图53 外置过滤器

图56 泡沫过滤器

图54 外置式圆桶过滤器

图55 下部过滤器

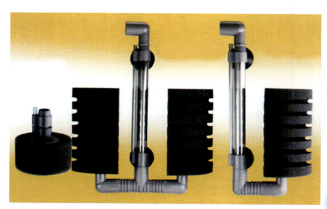

图57 超级滤可达海绵生物过滤器

（三）滤材及用法

1．过滤棉 使用最普便的一种滤材，具良好的渗透性，是外（上）层铺设材料，它对水中的悬浮物具有良好的吸附能力，可同时具备物理和生物过滤两种功能。当滤棉表面杂质污物积累过多时，稍稍清洗即可继续使用（图58）。

2．活性炭 木材经煅烧后加工制成，最大特点是能吸附水中的活性物质，可作为中层铺设的滤材。活性炭是最常用的化学性滤材，具有脱去水中黄色物质与去除异味的功能。此外，还可使酸碱中和，pH趋于中性，特别是在水族箱使用药物治疗鱼病之后，用活性炭过滤水族箱中的水可吸附残余药物（图59）。

3．生化球 用高级浸水无毒塑料经过人工加工成的网孔结构的生物过滤球，有利于氧化作用中氧气的对流交换，而且为硝化细菌的繁殖生长提供了巨大的生化表面积（图60）。

图60　生化球

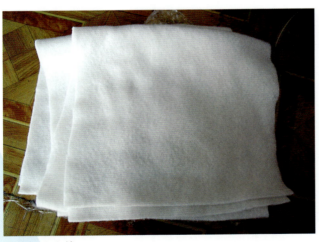

图58　过滤棉

图59　活性炭

4．陶瓷环 一种人工生产滤材，呈管状形态，具微孔，适宜作为中层铺设材料。特点是可以改变水流方向，使水体分流（图61）。

5．塑料丝 一类合成材料，粗丝状，质较硬，适宜作为中层铺设材料。它的特点是疏水性能好。

6．离子交换树脂 利用离子交换的方式，吸附水中的钙镁离子，从而达到降低水中过高的硬度，软化水质的目的（图62）。

7．各类底沙 沙石作为理想的底床材质，在水族箱中同时兼具美观和调节水质的功能。此外，还可固着水草根部，为有益微生物提供附着。各种规格和色彩的底沙，更能衬托出鱼只和水草的律动之美。在较大的水族箱中，一般选3～4毫米的底沙；1米以下的水族箱中，大多用2～3毫米规格的底沙。常用的底沙，包括溪沙、珊瑚沙、麦饭石、沸石、天然宝石、千层石、雨花石和鹅卵石等（图63、64、65、66）。

图61　陶瓷环

图62　离子交换树脂

图63 溪 沙

图64 礁岩与珊瑚沙

图65 鹅卵石

图66 人造五彩宝石

二、水族箱的温控设施

世界上大多数水草和热带鱼的原产地处于炎热的热带地区，通常其温度都恒定在25～30℃之间，每个地区早晚水温都有差距。同时，我国四季分明的气候伴随的外界温差，是极不利于水草和热带鱼及狭温性水生生物生长的。所以，加热棒是必备的器材。在严寒的冬季（尤其是北方），需靠加热来维持水草和观赏鱼生长的适宜温度；而炎热的盛夏，外界温度又常常在30℃以上，这时，水族箱就必须借助冷却系统来降低水温，维持恒定的温度。因而，利用能随时依据温度的变化而调整水族箱内水温的温度控制系统，能为水族箱创造适宜恒定的温度，为水生生物的良好生长提供保障。

（一）加热棒

可供选择的加热棒，有分离式加热棒、恒温调节器、复合式加热棒、加热板、埋于沙石底部的加热线缆和带加热元件的过滤器等，选择取决于你的喜好和经济支付能力。最普遍使用的是带恒温调节器的复合式加热棒。目前，市售加热棒可分为三种类型：

1. 挂式加热管 将加热管吊挂或吸附在水族箱上部或上侧壁的一种加热棒，这种加热棒以旋转橡胶管内的轴心设定需要的温度，在设置好适宜的刻度值后，需要不断地观察调整。具体做法是：按顺时针方向缓慢旋转加温（如若逆时针旋转即降温），待加热棒指示灯亮起后，再观察温度计看水温是否达到要求。根据具体情况进一步观察调整，直到符合要求达到的水温为止（图67）。

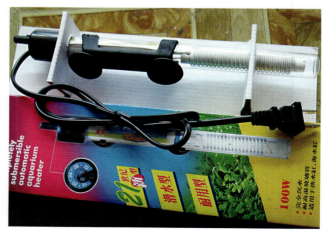

图67 玻璃加热棒

图74　正在增氧，动感十足

（二）充气泵的选择

　　家庭进行水族箱养殖和欣赏观赏鱼时，充气设备主要是打气机（泵）。气泵通常是根据每分钟能产生的空气体积，或在一定水深时能带动多少散气石来分级的。使用散气石来产生细小气泡的主要目的，就是增大水面的涌动来增加水中的溶解氧和促进二氧化碳的释放。

　　按驱动气体运动的方式来划分，目前市售的空气气泵有电磁震动式和马达式空气气泵两大类。

　　1．马达式空气气泵　气压大，体积也较大，适用于水族馆或专业养殖场等大型和多水族箱使用。这类气泵又有罗茨鼓风机、旋涡式本田引擎空气泵和层叠式吹吸两用空气泵等多种类型。选择气泵时，应依水族箱的规格、数量和鱼的耗氧量决定其功率的大小（图75、76）。

　　2．电磁震动式空气气泵适于一般家庭小规模水族箱饲养使用。依送气孔的数量，可分为单

图75　喷泉式的充气别具特色

图76　电磁式空气压缩机

孔、双孔和四孔等三种。另有一些此类气泵附有干电池或自动充电装置，以备停电时用。这种气泵空气压力小，电池震动时的声音很大，最好在气泵底下垫一柔软物品，以减少声音（图77、78、79）。

（三）充气泵的使用

（1）准确调节充气量，同时谨防漏电，既要保证效果，又要注意安全。

（2）气泵要放在比鱼缸水位高的位置，避免在停电时发生水倒流现象，损坏气泵。另外，增加止流阀也是一种防止水倒流的方法，同时注意气管不要折曲。

（3）注意放养密度，如密度较大，一定要充气。

（4）注意过滤和换水，及时清理鱼粪，保持良好水质，亦能有效提高水中溶氧量。

四、水族箱的照明设施

在天然环境中，水草可利用太阳光进行光合作用，吸收CO_2制造水草的养分葡萄糖，释放出氧气，供鱼只、细菌和水草本身呼吸所需，从而为水草提供代谢的能源。在水族箱中，照明系统就相当于人造太阳，合适的光照不仅能映衬出鱼儿的鲜艳体色，水草的盎然绿意，营造观赏的美丽氛围，更重要的是为水草提供进行光合作用的光源，以转换为水草生长代谢的能源。因而无论是为了让水草和鱼类健康生长，还是为了营造美丽的景致来赏析美妙的水底世界，水族箱中照明不可忽视。

一般来说，不同的鱼类对灯光的光谱都有不同的需求。因此，挑选灯光必须根据不同的鱼种来确定，如罗汉鱼比较适合暖色带淡紫红的灯光。而目前市场上的照明设备品种繁多，不胜枚举，购买时应选择适宜水草生长的照明灯具，如荧光灯、密合式荧光灯、水银灯和金属卤素灯等。

（一）荧光灯

水族箱造景常使用的一种照明灯具，与同功率的灯泡相比，其优点是：亮度高、省电且热量少。水族箱的光线流量以60流明/升为标准，一般水族箱专用荧光灯通常每瓦有50～70流明，因此若在60厘米×30厘米×35厘米水容量60升的水族箱中，必须使用3～4盏20瓦的荧光灯才能满足水草的照明需

图77　普通式充氧泵

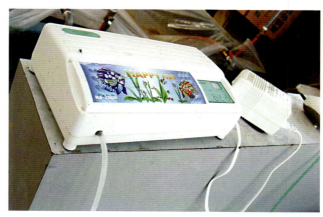
图78　单孔充气泵

图79　多孔增氧泵

求。同理，在90厘米×45厘米×45厘米水容量180升的水箱中，若使用40瓦的荧光灯，则需要4～5盏，才能保证60流明/升的要求。荧光灯最好在使用3～4个月后或每半年更换一次。在更换时注意不要将数盏灯一次性换掉，以免观赏鱼及水草因光照亮度急剧变化而形成生理障碍，最好一次换掉一

半。如水族箱中有两支照明灯管，6个月后，可先更换一支，下个月再更换另一支，让水生生物逐渐适应新光照度。尤其对于椒草来说，亮度的突然变化会导致叶子脱落，因而在操作中要特别注意。另外，小型热带鱼如红绿灯，对光线的突然改变也很敏感，可能会引起2～3天的不适应，甚至造成食欲不振（图80）。

在淡水水族箱中使用荧光灯时，它依用途分有植物灯和太阳灯两种。植物灯灯管带紫红色，能将整个水族箱映衬得更富诗情画意，因其有较多水草所需要的波长（即红色波长650纳米和绿色波长470纳米），全部光束约800勒克斯，尤其适合红色水草，如红蝴蝶、红柳等的生长发育，可引发水草长出红色叶片；太阳灯是属于冷色系的荧光灯管，光度强而明亮，对绿色水草效果明显，它能放射出540纳米的绿色光线，全部光束约1 500勒克斯，为植物灯的2倍。

在海水水族箱中使用荧光灯时，又与淡水水族箱有一定的差异。在天然海域，光线随海水深度的增加光照度也随之变化，因而生活在不同水层的动物对光照有不同的需求。在海平面以下3米内的动物，属日光带动物，生活有海葵和蚌等；生活在海平面3～6米之间的中光带动物有管虫等；像软珊瑚则生活在海平面6～10米之间的微光带。在水族箱中饲养海水鱼时，要考虑创设不同光度的区域，以满足各种生物的不同需求。

荧光灯适宜为栖息在中光带和微光带的生物照明，安装荧光灯时应尽可能装在接近水面的地方才能发挥最高效率，因而一般都安装于水族箱顶盖上。荧光灯的常用种类还有以下几种，如高频潜水灯和PL型灯管（图81、82）等。

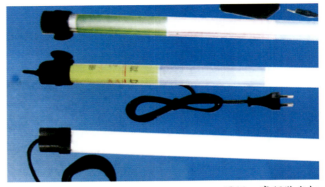

图81　高频潜水灯

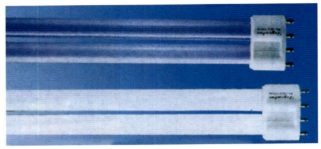

图82　PL型灯管

（二）水银灯

水银灯适合于没有无脊椎动物的水族箱，其紫外线辐射量比荧光灯强，但表面散发热量少，装设时可利用螺旋形吊具悬挂在天花板上，与水族箱之间保持20厘米的距离。

水银灯一般用80瓦或150瓦的吊顶灯。可应用于海水水族箱和淡水水族箱，它们能促进植物生长，使鱼生活得更加舒适。由于水银灯辐射角度太广，使水族箱中吸收的光线无法达到水草的需求，因此水银灯必须配置一抛物线形的反射罩，使光线尽量集中才能达到较好的照明效果（图83）。还有一种和水银灯一起使用的就是紫外线杀菌灯（图84）。

图80　荧光灯管

图83　水银灯

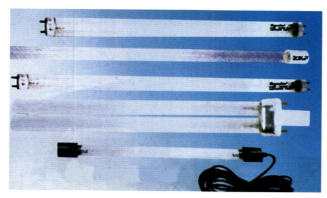

图84　紫外线杀菌灯

图85　金属卤素灯

（三）金属卤素灯

这种灯的光束密度很高，即使在水族箱上方很高的地方投射下来，光线仍然能达到底层，而且光照度不会随着深度的增加而减弱，因此多适用于较深的水族箱照明。金属卤素灯也为悬挂式灯具，光视效能为77流明/瓦特，250瓦的金属卤素灯可照射水深80～100厘米（图85）。

金属卤素灯最适宜海水水族箱照明，但由于紫外线辐射非常强，要与玻璃滤光器配合使用。同时，金属卤素灯还会产生极高热量，一般吊挂在无顶盖的开放式水族箱上方，灯具与水族箱之间至少要保持40厘米的距离，尤其在夏天为了减少热量的散发，要将灯具再升高10～15厘米（图86）。

图86　吊挂式上部照明灯（大型水族箱）

图87　合适的照明

（四）照明技巧

在自然界中，如果按照热带地区的日照光度，基本上平均日照12个小时。但在水底下，由于早晨和晚上光入射角太小，实际只有10小时的照明。因此，每天开灯时间只要在10～12小时之间，即可保证水族箱中充足的光线，为了有规律地照明，最好能在在水族箱中装设定时器，以定时开关灯源，保证稳定充足的光照，也可避免鱼儿不必要的紧张。若安装暖色系及冷色系灯源的多灯管灯具，再配合定时器控制照明时间，则可以创造一个符合自然生态的照明系统（图87）。

开灯时间的长短，要配合饲养者的生活习惯。太长的灯光，会加速藻类的生长和繁殖，使水变绿；太短的话，会影响我们观赏鱼的时间，也减少了鱼的活动时间。所谓配合养殖习惯的意思是，在你回家半小时，灯应该开始亮，在你睡觉后半小时灯才关掉。

五、其他的附属设施

（一）水生植物和人造水草

沉水植物是水族箱的氧气生产者，它能通过叶子吸收部分的养分。许多细叶型的水草，能以这种方式吸收其所需的大部分养料。植物、底质、岩石和装饰物是一个水族箱的非常重要的组成部分，它常常标志着一个水族箱养护的好坏程度。因此，在考虑如何选择这些物品上花费时间是值得的（图88）。

人造水草是模拟观赏水草的叶形、株形，用无毒无副作用的塑料制造而成，目的是为了营造观赏水草的气氛，为观赏鱼提供一个安全感很强的地方。同时，也具有修饰水族箱环境的作用。值得注意的是，人造水草是没有光合作用的，不具备活水草的吸收氨氮、制造氧气的作用（图89）。

图89　人造水草也是必不可少的造景材料之一

（二）沙砾

沙砾有非常多的优点，它容易获取，易于清洗且不易板结。沙砾是淡水群落水族箱最常用的底质材料（图90）。而珊瑚沙则主要用于海水水族箱。

图88　水生植物是主要的造景材料之一

图90　造景常用的沙

使用沙砾也有一些缺点，不适合在养殖掘沙鱼类的水族箱中使用，如养殖观赏鳅类、鲇类的水族箱中，就不宜使用太细的沙砾作为基层。

含有石灰质的沙子，适用于海水水族箱和喜欢碱性条件的龟和水草的水族箱，像来自非洲裂谷湖泊的丽鱼科种类。在所有的沙砾或沙中，"珊瑚沙"的石灰质含量最高，它最适合用于海水水族箱和高盐的半咸水水族箱。现在常用的方法是，在底沙中加入较小比例的珊瑚沙，用量占10%～20%。

还有一些五彩石等也常常用于水族箱的基层中（图91），效果很好，不但具有沙砾的作用，而且本身也具有观赏价值。

图91 五彩石

（三）岩石和沉木

岩石可使用惰性岩石，如花岗岩、片麻岩、云母片岩、板岩和磨石粗沙岩，主要是用于生态水族箱的主要造景材料之一（图92）。如在设计"假山"时要考虑其大小，包括岩石的大小和对整体的影响。自然界的岩山群倾向于宏大，大石块堆比大卵石堆更显眼，对鱼来讲更像一个家。通常用硅树脂密封胶或水下用环氧树脂胶，把岩石粘在一起固定。

在一些水族箱中，不同的岩石经常组合使用，一些岩石提供了鱼类藏身的洞穴，另一些则提供了它们产卵的表面。岩石组合使用有许多明显的好处，也扩大了水族箱蓄养种类的范围。

在海水水族箱中，还可使用另一类的岩石，即"活"岩石。这是由海藻和无脊椎动物包裹着的或植根于其中的岩石块。善于使用这类岩石，能使水族箱显得更"成熟"。更为重要的，恰当使用这些岩石，可保持水质良好。将"活"岩石引进到一个已建好的水族箱中，要比引进到一个全新的水族箱

中好得多（图93）。

有多种类型的木头可供水族箱选用，这就是沉木（图94）最常用的是沼泽木（长期浸入泥炭中而变硬，可防腐蚀）、浮木（生于海边）和软木皮（来自栓皮槠、橡皮栎）。沼泽木和软木皮含有且能释放鞣酸和棕色物质，不适用于碱性或海水水族箱。朽烂的木头会释放鞣酸，它更适于那些喜欢软酸性水质的水族箱饲养种类，如大多数的亚马孙河流域出产的鱼类。

图92 岩 石

图93 珊瑚礁

图94 沉 木

（四）各种装饰物

严格地说，装饰物只是以某种方式来修饰水族箱，它只具备美化的功能。可供养殖者选择的装饰物有各种各样的类型，诸如珠宝盒、骨架、帆船以及各式各样的陶瓷工艺品等等，其作用主要是为水族箱养殖增添另外一种情趣。有些装饰物不仅仅具有纯粹的点缀功能，它还具有实用功能，如可作为输气管的出口。这些功能和装饰物是联系在一起的，于是它们的开和关，便与气泡的产生和随后的释放相关联（图95）。

图95　各种饰景材料

（五）背景板

可以购买表现树根和植物、岩石或珊瑚的塑料图片背景。另外，还可以在水族箱背面的外侧做画，对于淡水和半咸水水族箱来说，最好使用深的、与水岸相似的颜色。浅黑色的效果非常好，有时也可使用黑色聚乙烯。

图96　背景板

但因为某些原因它没有画画保持得持久。其他一些外部背景有软木、砖片或深色地毯，内背景有石板块。由于熔岩或石灰岩相对多孔且重量较轻，有时可将它们堆积在海水水族箱背面形成逼真的珊瑚墙。所有的内部背景必须无毒，使用的清漆或胶水也必须无毒（图96、97）。

图97　背景材料

（六）测试盒

测试盒属于必要的一种设备，而且对养殖观赏鱼、观赏植物和无脊椎动物都有用。有多种的测试盒，可用于溶氧量、水中金属含量等的测定。所有的养殖者至少应备有能测定硬度、pH、氨、亚硝酸盐和硝酸盐的测试盒。此外，海水养殖者还应购买一个能测定铜含量的测试盒。淡水试剂盒一般不能用于咸水，反之也一样。所以，人们要根据自己的需要购买相应的试剂盒（图98）。

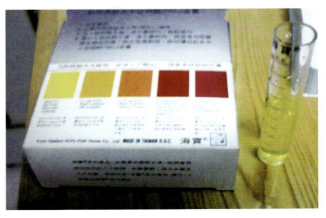

图98　水质测试盒

（七）其他的附属品

1．温度计 有各种不同的样式，从充满创意的漂浮式到液晶的、内置长片状，或非常精确的电子测量式（图99）。

图99 浮式温度计

2．水化学调节剂 主要是用于调节水化学的化学药品或材料，选择合适的海盐用于海水水族箱和半咸水水族箱，而不要用家用（食用）盐，因它含有鱼不需要的且对其有害的添加剂。相反，对于淡水水族箱，可用家用泻盐（硫酸镁）和碳酸氢钠以及无添加剂的园艺苔藓（不是薰衣草）泥炭。

3．比重计 比重计是通过测量密度来测定盐度的，对所有的海水养殖者来说都是必要的。监测含盐水平是非常必要的，因蒸发可能会导致水族箱中的盐浓度升高，对鱼有潜在的危害。此外，在部分换水时，混合新的盐／水溶液也需要用比重计，以确保新溶液与水族箱中的盐浓度一致（图100）。

图100 比重计

4．网 有时候必须用网捕鱼。最好准备两个网，用一个网把鱼赶进另一个网中。每个网都应大于所捕的鱼。细网仅用于捕小鱼，因为小鱼很容易滑脱。通常使用的鱼网不小于10厘米×15厘米（图101）。

图101 鱼抄网

5．换水设备 准备一段直径为1.25厘米、长120～180厘米的管子虹吸废水，至少有一个活塞用于吸入并输送净水。此类活塞应是具有"食品质量"的塑料（即无毒塑料），仅用于水族箱，必要时可以锁起来。若需在使用前贮存或晾晒、曝气养殖用水，则需一个"安全"塑料箱，如那些家庭酿酒用的（图102）。

图102 换水设备

6．接嘴 若你不能确定塑料是否安全，可用舌头舔一下，若塑料有苦味，就不能用它。白色和无色塑料相对有色塑料危害小一些。

其他附属品还包括用于吸除水族箱中少量底沙的吸沙器（图103）、用于水草栽种的水草夹（图104）、用于清理水族箱壁污物的刷缸刷（图105）等。

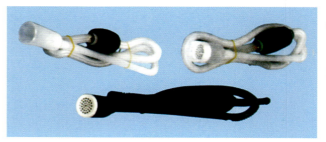

图103 吸沙器

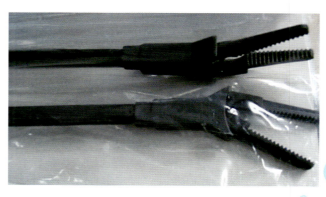

图104 水草夹

图105 刷缸刷

图107 关闭电源 拆除部分设施

六、水族箱的清洗

当水族箱底床过滤沙蓄积过多污物时，会阻碍水的流通性，影响水质过滤效果，此时就需要清洗整个水族箱。对于新设立的水族箱每年只需清洗一次，旧水族箱就需要每4~6个月清洗一次。

（一）淡水水族箱的清洗

（1）打开照明系统，检查水族箱内的生物及设施的运转是否一切正常，检查水族箱内部水的浑浊度及箱体的肮脏情况（图106）。

图108 取出过滤泵

图106 打开照明系统进行检查

图109 拆除过滤泵

（2）关闭电源，移走观赏鱼及其他生物。为防止加热棒爆炸、漏电等破坏器具的现象发生，换水时提前5分钟切断照明、加热、打气、过滤所有设备的电源，移出加热棒等器具。

（3）拆除相关设施，主要有拆除照明设施、增氧设施及过滤设施等（图107、108）。

（4）清洗过滤系统，这是清洗的重点，要一步一步地进行，而且要做到所有的部件都要清洗，主要有生化棉、过滤棉、生化球和水泵等（图109、110）。

图110 清洗内部结构

（5）清洗水族箱体（图111、112）。

（6）清洗底沙及珊瑚沙等（图113）。

（7）吸去脏水，一是用手勺舀出脏水；另一种常见的而且有效的方法，就是用虹吸法吸水（图114）。

（8）擦拭箱体，检查是否干净。

（9）铺好底沙，底部过滤设施此时要埋好过滤管道（图115）。

（10）安装基础设施，主要是安装清洗的过滤系统（图116、117）。

图111 擦拭藻类

图114 虹吸出脏水

图112 清洗箱面

图115 洗干净并铺设的沙石

图113 清洗底沙

图116 往过滤筒中安装过滤器材

（11）进水。利用水泵将新配制的水抽入水族箱，加至原水位，也可以用其他的方法加水，如用水桶直接添加（图118）。

（12）栽草。

（13）造景（图119）。

（14）放鱼。

图117　安装好的过滤泵

图118　注水

图119　造景

（二）海水水族箱的清洗

在海水水族箱的清洗时，它的过程与上面水族箱的清洗过程基本一致，一些需要注意的地方将特别指明。

（1）打开照明系统，检查水族箱内的生物及设施的运转是否一切正常，检查水族箱内部的混浊度及箱体的肮脏情况（图120）。

（2）关闭电源，移走观赏鱼及其他生物（图121、122）。

图120　海水缸面上丛生褐藻

图121　取出附着在珊瑚礁上的海苹果

图122　取出珊瑚礁

一、水族箱体的种类与造型

家庭水族箱的种类众多，而且在不断地增加，随着人们欣赏水平的提高，欣赏视野的开拓，水族箱发生了重大的变化。

（一）根据水族箱的制造材料区分

水族箱可分为塑料水族箱、玻璃水族箱、有机玻璃水族箱、钢化玻璃水族箱和特殊玻璃水族箱等数种。

1. **塑料水族箱**　塑料是制作水族箱早期常用的材料，常用无毒无气味的硬质塑料制作。它具有轻便灵巧的优点，但是由于塑料长期浸在水中会发生化学反应，对观赏鱼有不利影响。同时，它也具有易碎易脆而且观赏性也不佳的缺点。因此，塑料水族箱用得不多，现在基本被淘汰，只有少数便携式水族箱用于龟类和爬行动物的养殖。

2. **玻璃水族箱**　表面坚硬、光滑、透视性好、价格便宜，应用较广。玻璃水族箱形状多为长方形或方形，大小视饲养对象而定，一般深、宽比例多为2：1。

3. **有机玻璃水族箱**　形状、规格可参照玻璃水族箱。这种水族箱相对较为轻便，不易破碎，透视性能好。有机玻璃不耐摩擦，一旦与硬物摩擦，会出现永久性划痕，长久擦拭，表面容易产生雾化，变得粗糙而降低了透明度，有碍观赏，从而影响到其美观性。

4. **钢化玻璃水族箱**（又称压克力水族箱）除有玻璃水族箱的优点外，还经过了炭化加热处理。所以，钢化玻璃水族箱的耐冲击强度为普通玻璃的4～5倍，适于经常搬动。市场上出售的特殊有机玻璃水族箱有PC有机玻璃水族箱和水晶有机玻璃水族箱。这种材料具有材质轻、安全、弹性较佳、硬度高、透射度好、不反光、不雾化、没有偏光，

且可塑性高，能配合各种造型变化。一些特殊造型鱼缸（如矩形、圆柱形和子弹形）均采用压克力材质，在制作过程中采用高频一次成型，绝对不漏水，是目前高档的水族箱。

5. **特殊玻璃水族箱**　一般用于大型隧道式海洋馆，高昂的成本不适用于家庭水族箱，它对玻璃的要求、水质的要求、温控的要求程度最高，价格也最高，目前很少采用（图141、142）。

图141　便携式塑料养殖巢

图142　塑料水族缸

（二）根据有无边框区分

水族箱根据是否有边框可分为两类，即无边框水族箱和有边框水族箱。

1．无边框水族箱 可分为两类，一类是属于小型水族箱，多为五面玻璃制作而成。用玻璃胶（即硅胶）直接使玻璃边缘与玻璃接触面相互粘合而组成的长方形箱体，玻璃厚度一般为5毫米左右，长：宽：高的比例一般为12：7：5为宜。另一类则是目前流行的用压克力玻璃一次成型的水族箱，也是家庭中常用的中高档水族箱，由于是一次成型，中间没有断面和黏接处，对水的压力承受也强得多。

2．有框水族箱 早期的中大型水族箱之一，它是用金属焊接成长方形框架，四周和底嵌以玻璃。常用的框架有角铁、角钢、不锈钢、铝合金等，底部也可以用钢板代替。玻璃与框架的结合处用特制的黏合剂填充，黏合剂是用桐油、石灰和石棉漆充分捣合而成。这种水族箱的观赏性较强，能从几个侧面进行观赏，但与压克力水族箱相比，具有不美观、贮水量少、水质易恶化等缺点，现在基本不用了。

（三）根据水族箱的配备区分

根据水族箱的配备，可分为单缸式水族箱、柜式水族箱和组合式水族箱。

1．单缸式水族箱 较便宜，它的外罩等遮盖物可以分开购买或与水族箱一起购得。如果你买的是单缸式的，你就必须考虑这个问题并做一些必要的准备，应去买一个现成的水族箱架或者选一个结实的家具用以放置水族箱。这些单缸式水族箱的另一个优点是：养殖者可以逐步完善他的水族箱系统，在环境条件许可和经验不断丰富时，添加或更换水族箱的各种设备。

2．柜式水族箱 最基本的结构是由一个橱柜、一个水箱和配套的外罩组成。有的还包括了必需的设备。完整的柜式水族箱系统优于单缸式水族箱的特点是它几乎是即插即用的。它另一个优点是它的所有装置都藏于水族箱观赏面之后。

3．组合式水族箱 一般是用于水族单位的展示水族箱或大型单位在厅堂里的摆设，为了显示单位的实力和气派，组合式水族箱一般是由多个水族箱组成，可以共用一个大型的过滤系统，也可以独立使用过滤设施，增氧装置一般是用一个大型的旋涡式气泵同时供气（图143）。

图143　柜式水族箱

图144　W形水放箱

七、水族箱的护理

俗话说："三分养，七分管"，因此水族箱的护理是非常重要的。根据我们的观察，认为水族箱的护理工作着重要抓好以下几点。

（一）经常检查水体

当水族箱中的水浑浊不清或水呈褐色，则说明水中缺少绿色植物所需要的生长养分，不能完成正常的新陈代谢活动，应及时处理水质，使水草的生长具备正常新陈代谢所拥有的优良条件。水体的检查还有一个重点，就是及时检查水位及设施的位置（图133）。

图133　检查水位及设施的位置

（二）及时添施肥料和饲料

1．施肥　水草在生长过程中，不仅需要光、适宜的温度和二氧化碳等，也需要施肥。随着时间的推移，水族箱内的各种养分逐渐被消耗殆尽，这时就要及时添加水草肥料。常用的水草肥料有氮肥、磷肥和钾肥等基本肥料，还有铁、镁等微肥及水草营养剂。添加方式是，通过根肥、液肥、铁肥等形式注入水族箱内。添加水草肥料的具体方法是，主要营养剂每天添加1次，以及每隔7天换水1次，并配合换水时再添加1次微肥。另一种方式是，每隔7天换水和施肥各1次，并配合换水时将微肥一起添加（图134）。

2．观赏鱼投饵　刚放养的鱼开始可能会有几天不进食，这是由于环境变化和鱼只忙于抢夺领域而造成的，待其熟悉周围环境后，会逐渐调解过来。在正常情况下，每天喂鱼1～2次，饵料控制在能使鱼群3分钟内吃完。同时，清点一下鱼数，

检查是否有残留的死亡鱼只，以防破坏水质，也顺便注意鱼群中是否有感染生病的鱼，及时处理，以防传染。保证饵料的数量和质量，不仅为观赏鱼的生存生长提供了能量源泉，同时也是增强鱼体体质的有效手段和提高机体抵抗力的需要。投饵要坚持"定质、定量、定时"，保持饵料新鲜清洁，不投喂腐败变质的饵料，防止鱼吃后中毒或患肠炎，引发消化系统疾病；一次投饵不宜过多，对于剩余的残饵要及时清除干净；投饵时仔细观察鱼只的摄食状况，对疏于摄食或食欲不旺盛的鱼只要格外注

图134　水草肥料

图135　普通饲料

图136　科学投喂

意；固定投饵的时间，使鱼形成规律的摄食行为（图135、136）。

（三）调节水质

1. **水质** 水草生长发育的一个重要条件，就是水体质量。家庭种养水草所用的水源，一般都是自来水，但自来水中不仅缺少许多水草所必需的养料，而且还含有对水草不利的化合物，如次氯酸，它能够释放氯气，起消毒杀菌作用，但过高的浓度对鱼和水草生长不利。因此，我们通常要将自来水晾晒几天再用。有些地区的自来水中含有较多的碳酸盐或硝酸盐沉淀，硬度很大，硝酸盐虽对人体无害，但对水草的生长发育却不利，在加入水族箱之前一定预先处理一番才行。因此，必须调整自来水中的营养成分，如要添加钾等元素。还有一个最简便最实用的办法，就是放一块酸苹果在水中，让水的硬度和pH降低。

水是鱼赖以生存的根本，饲养海水鱼的水温、酸碱度、溶氧、盐度等理化因子的变动超出其所能忍受的临界限度时，就会导致疾病的发生。如水中缺乏溶氧时，鱼浮在水面，时间过长就会引起窒息死亡。因此，必须定期对水质因子监测调控，及时进行去毒换水等维护工作，提供清洁的水质环境。

2. **换水调节水质** 如果换掉1/5的水，对那些水草占优势的水箱来说是比较合适的。而栽培水草是与饲养观赏鱼在一起的且观赏鱼占优势时，换水1/3比较适宜。如果过于浑浊可以考虑换1/2~1/3，但不能全部换水，以防硝化细菌完全被破坏，同时添加液肥（图137）。

图138　控制适宜的光照

图137　科学换水

由于鱼的呼吸、排泄等生理代谢和水分蒸发的缘故，海水鱼经过一段时间的饲养后，水中pH和盐度都会呈现一定的偏差。因此，海水鱼水族箱管理中及时地加补纯水，是不可忽视的操作环节。尤其对于未加盖的水族箱，海水经过不断蒸发，最好每隔6～7天对水族箱中的pH、比重等进行一次测试，依据所测得的数据，及时通过添加淡水或换水，调整海水的浓度和酸碱度，减少水质不良对鱼只造成的紧迫感。

（四）控制光照

每天要有足够的照明时间和光照强度，正确掌握光照量，对水草显得更为重要。鱼能承受的光照，水草不一定承受得了，因此必须根据需要，人工控制和调节采光量。根据水箱的容量大小，需要安装3～6盏荧光灯，若要达到使水草生长良好的状况，则每升水需光视效能至少达30～50流明/瓦。如果光线不足，可以改变一下鱼缸的角度和位置，或者用日光灯源作为补充光源，以增加光照强度；如果光照过强，可适量减少光线的透入量或换冲部分水。如果光照强度合适，已经长有根的水草在2～3天内可以长出新叶来（图138）。

（五）调节水温

注意保持20～25℃之间的水温。

（六）及时清洁箱体和清洗底沙

定期清洗水草沙，以除去附着在沙石表面上的残饵、粪便及其他污物，以净化水体。清洗方法是用容器轻轻刮走表面沙（2～3厘米），放于清水中反复冲洗后，再放入水族箱中即可（图139）。

图139　清洁箱体

（七）及时清理过滤器等设备

过滤系统的正常运转和过滤效率，对水族箱水质的调节起着举足轻重的作用。经常查看水族箱过滤器运转情况，留意水质的变化，每周测试水中亚硝酸盐的含量，正确地维护和清洗滤材，都是避免有机毒物积累过多而毒害鱼只，预防鱼病发生的有效措施。视过滤系统的功能，及时清洗更换活性炭、过滤棉等滤材。一般潜水泵每月清洗一次。清洗时，用换下来的水，轻轻漂洗即可。外置过滤器视情况更换滤材。

图140　检查鱼病

（八）水族箱的健康检查

1．**水草的检查**　水族箱中的水草若有变黄的现象或者在叶片出现棕色的小孔，通常都是养分缺乏造成的。如果在水草叶面看见许多小圆洞，可能有蜗牛。

2．**藻类的检查**　藻类生长的速度相当快，当水族箱的水已经呈现绿色云雾状无法看透的时候，最好就赶快换水；但如果已经形成藻华了，最好使用紫外线杀菌灯，一周之内就可以有效地控制藻类的蔓延，当水质恢复清澈以后就应该更换部分水，并添加肥料。当水草上有藻类着生时，可用硫酸铜溶液处理，或放入少量红螺，或1～2尾清道夫鱼帮助清除藻类。

3．**观赏鱼的健康检查**　从外观看，鱼体表没有伤口溃烂，皮肤干净，不附着黏液，鱼鳍无破损，鳞片完好无缺，眼睛清澈无混浊现象；从游姿看，凡呼吸急促、反应迟钝或停留在打气石旁边不游动的鱼都有可能患病，其中过于干瘦和喜欢在粗糙物体上磨擦身体的鱼还可能有寄生虫（图140）。

4．**水族景观的检查**　若水草任其生长，在景观上就显得很凌乱，影响观赏效果，这就需要整形修剪。观赏水草修剪的主要内容有除掉不美观、变形或滥长的枝叶；去掉老叶、伤叶及伤枝；剪掉过长的须根，只保留1～2厘米即可；另外，根据各种类型的水草、形状及造景的特色要求，确定水草的具体修理方法。

（九）几种特殊情况下的护理

1．**设备发生故障**　准备一个备用的加热棒（或稳定器）和气泵振动膜，在你需要的时候装上它们。

2．**电力中断的处理**　一般断电能在几个小时内恢复，如果停电时间不长，一般不会出现严重的问题。如果供电中断时间较长，应立即用绝缘性材料（如毯子）将水族箱盖起来。使用紧急加热棒，将装满热水的塑料瓶或清洁热水袋（也可以用家里的圆桶或烧水壶等）放在水族箱中。同时，要采取紧急措施给鱼和过滤器供氧，方法是将自行车（或汽车）车胎或可充气床垫连接到充气系统上，每小时充气5分钟，也可以用嘴来吹。

3．**鱼病的处理**　首先是要检测水质是否符合要求。通常要做的是更换部分水，以减少已经升高的硝酸盐的浓度。同时，要按照指导手册考虑用药。

第三章　水族箱的种类与造型设计

一、水族箱体的种类与造型

家庭水族箱的种类众多，而且在不断地增加，随着人们欣赏水平的提高，欣赏视野的开拓，水族箱发生了重大的变化。

（一）根据水族箱的制造材料区分

水族箱可分为塑料水族箱、玻璃水族箱、有机玻璃水族箱、钢化玻璃水族箱和特殊玻璃水族箱等数种。

1．塑料水族箱　塑料是制作水族箱早期常用的材料，常用无毒无气味的硬质塑料制作。它具有轻便灵巧的优点，但是由于塑料长期浸在水中会发生化学反应，对观赏鱼有不利影响。同时，它也具有易碎易脆而且观赏性也不佳的缺点。因此，塑料水族箱用得不多，现在基本被淘汰，只有少数便携式水族箱用于龟类及爬行动物的养殖。

2．玻璃水族箱　表面坚硬、光滑、透视性好、价格便宜，应用较广。玻璃水族箱形状多为长方形或方形，大小视饲养对象而定，一般深、宽比例多为2∶1。

3．有机玻璃水族箱　形状、规格可参照玻璃水族箱。这种水族箱相对较为轻便，不易破碎，透视性能好。有机玻璃不耐摩擦，一旦与硬物摩擦，会出现永久性划痕，长久擦拭，表面容易产生雾化，变得粗糙而降低了透明度，有碍观赏，从而影响到其美观性。

4．钢化玻璃水族箱（又称压克力水族箱）除有玻璃水族箱的优点外，还经过了炭化加热处理。所以，钢化玻璃水族箱的耐冲击强度为普通玻璃的4～5倍，适于经常搬动。市场上出售的特殊有机玻璃水族箱有PC有机玻璃水族箱和水晶有机玻璃水族箱。这种材料具有材质轻、安全、弹性较佳、硬度高、透射度好、不反光、不雾化、没有偏光，

且可塑性高，能配合各种造型变化。一些特殊造型鱼缸（如矩形、圆柱形和子弹形）均采用压克力材质，在制作过程中采用高频一次成型，绝对不漏水，是目前高档的水族箱。

5．特殊玻璃水族箱　一般用于大型隧道式海洋馆，高昂的成本不适用于家庭水族箱，它对玻璃的要求、水质的要求、温控的要求程度最高，价格也最高，目前很少采用（图141、142）。

图141　便携式塑料养殖巢

图142　塑料水族缸

（二）根据有无边框区分

水族箱根据是否有边框可分为两类，即无边框水族箱和有边框水族箱。

1．无边框水族箱 可分为两类，一类是属于小型水族箱，多为五面玻璃制作而成。用玻璃胶（即硅胶）直接使玻璃边缘与玻璃接触面相互粘合而组成的长方形箱体，玻璃厚度一般为5毫米左右，长：宽：高的比例一般为12：7：5为宜。另一类则是目前流行的用压克力玻璃一次成型的水族箱，也是家庭中常用的中高档水族箱，由于是一次成型，中间没有断面和黏接处，对水的压力承受也强得多。

2．有框水族箱 早期的中大型水族箱之一，它是用金属焊接成长方形框架，四周和底嵌以玻璃。常用的框架有角铁、角钢、不锈钢、铝合金等，底部也可以用钢板代替。玻璃与框架的结合处用特制的黏合剂填充，黏合剂是用桐油、石灰和石棉漆充分捣合而成。这种水族箱的观赏性较强，能从几个侧面进行观赏，但与压克力水族箱相比，具有不美观、贮水量少、水质易恶化等缺点，现在基本不用了。

（三）根据水族箱的配备区分

根据水族箱的配备，可分为单缸式水族箱、柜式水族箱和组合式水族箱。

1．单缸式水族箱 较便宜，它的外罩等遮盖物可以分开购买或与水族箱一起购得。如果你买的是单缸式的，你就必须考虑这个问题并做一些必要的准备，应去买一个现成的水族箱架或者选一个结实的家具用以放置水族箱。这些单缸式水族箱的另一个优点是：养殖者可以逐步完善他的水族箱系统，在环境条件许可和经验不断丰富时，添加或更换水族箱的各种设备。

2．柜式水族箱 最基本的结构是由一个橱柜、一个水箱和配套的外罩组成。有的还包括了必需的设备。完整的柜式水族箱系统优于单缸式水族箱的特点是它几乎是即插即用的。它另一个优点是它的所有装置都藏于水族箱观赏面之后。

3．组合式水族箱 一般是用于水族单位的展示水族箱或大型单位在厅堂里的摆设，为了显示单位的实力和气派，组合式水族箱一般是由多个水族箱组成，可以共用一个大型的过滤系统，也可以独立使用过滤设施，增氧装置一般是用一个大型的旋涡式气泵同时供气（图143）。

图143　柜式水族箱

图144　W形水放箱

图145 八角形水族箱

图147 长方形生态水族箱

图148 倒三角形玻璃缸

图146 背篓式生态缸

（四）根据造型区分

根据各种家庭水族箱的不同造型，可以将水族箱分为长方形、正方形、立柱形、双柜门式等（图144、145、146、147、148、149、150、151）。

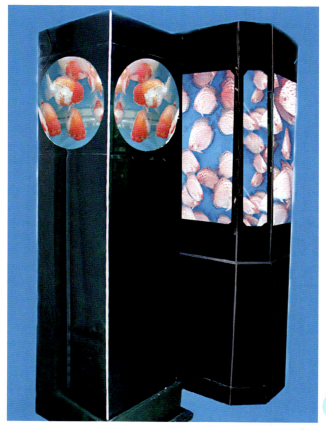

图149 多棱柱形缸

45

图150 蝴蝶形半圆缸

图151 蘑菇亭式动力小型缸

（五）根据功能区分

水族箱的发展过程，实际上就是观赏性和功能性共同发展的过程。因此，可以分为以下几种：

养鱼盆——只用来养鱼，不方便观赏，如陶盆。

小玻璃缸——可以观赏，但水体小不适宜养殖。

半开放式水族箱——这是家庭早期的水族箱。

完全异养型开放式水族箱——是目前最常见也是最主要的家庭水族箱，如热带鱼水族箱。

自控式水族箱——又叫循环过滤恒温水族箱，这是一种带有过滤、照明、加热等系统的微电脑调控的全套水族箱。优点是能够自动使水族箱内的温度恒定在最适宜范围内，箱内水体进行封闭式的流动交换，并通过过滤设施不断地进行水体净化，使水质保持清洁透明，箱底无残饵和排泄物的积存，水流速可根据水质污染程度进行调节，这种水族箱又被称为不换水养鱼，通常一年只换一次水即可。这是目前家庭水族箱中的高级水族箱。

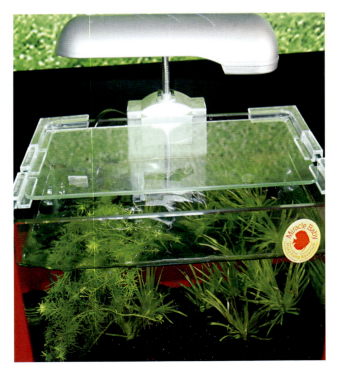

图152 案几式生态缸

便携式水族箱——常用于观赏龟类的养殖，它具有便于携带的优点。

（六）根据大小区分

鱼缸的规格大小，一般以适合鱼体的生长发育需求为标准。根据水族箱的大小，可分为掌上缸、迷你水族箱、家用水族箱、大型水族箱及超大型水族箱等。因水量需求的不同，而形成玻璃厚度和强化与否的差异，常见的小型鱼缸厚度多为3～5毫米，大型鱼缸厚度约为5～12毫米。

（七）根据放置方式区分

根据水族箱不同的放置方式和放置位置来分，可以分为窗台式、壁橱式、壁挂式、案几式、茶几式、吧台式和电视柜式等。如壁挂式水族箱可以镶嵌墙内或悬挂墙壁，宛如一幅水景画，加湿效果也很不错（图152、153、154）。

图153 壁挂式水族箱

图154 电视柜式水族箱

（八）根据养殖对象的习性区分

根据水族箱内所养殖的观赏鱼对生活水体盐度和所生活的水域要求，可分为海水观赏鱼水族箱、淡水观赏鱼水族箱、咸淡水观赏鱼水族箱。

（九）根据养殖对象区分

根据家庭水族箱内不同的养殖对象，可以细分为金鱼养殖水族箱、锦鲤养殖水族箱、热带鱼养殖水族箱、冷水鱼养殖水族箱、乌龟养殖水族箱及无脊椎动物养殖水族箱和水草箱等（图155、156、157、158、159、160、161）。

图155 掌上观赏蟹缸

图156 爬行动物专用缸

图157　锦鲤水族箱

图158　金鱼水族箱

图159　观赏龟水族箱

图160　热带鱼水族箱

图161　海水鱼水族箱

二、水族箱底柜的选择与保养

水族箱通常安放在金属支架上、精致的木柜（房屋中配有柜橱）或房屋的内置结构中（如位于壁凹的支架或密隔底座），以便于观赏。有时，也可将水族箱嵌入两房屋之间的墙壁中，室内用的架子可用铁槽或木头槽制作，基座必须足以支撑水族箱装满水时产生的重量。水族箱柜常与水族箱同时出售，且尺寸统一，金属架子也一样（图162）。

因为水族箱底柜是完全按水族箱体来配套生产的，因此它们的款式是与箱体相匹配的，没有太多的选择余地。所以，大多数人在选择水族箱的时

图162　配套的底柜

图163　检查柜板是否有气味

候，仅仅注重于水族箱体的大小和造型及底柜的造型和颜色，却忽视了水族箱底柜的健康和安全。

（一）水族箱底柜的绿色环保

1. 购买绿色环保的水族箱底柜　无论是成套购买水族箱，还是单独购买水族箱底柜，购买时都要注意：

（1）有强烈刺激气味的水族箱底柜不要买（图163）。

（2）人造板制成的底柜未做封边处理的不要买。

（3）价格比较低、特别容易侃价的不要买。

（4）发现底柜内在质量有明显问题的不要买。

（5）不是正规厂家生产的以及没有出厂检验或质检合格证的不要买。

特别要提醒消费者注意的是，在购买水族箱底柜时，一定要在购买合同上加上一条，如果发现有室内污染问题，必须退货并负责检测等费用，这样一旦发生污染问题可以尽快得到解决。

2. 水族箱底柜的健康使用　水族箱底柜的使用方面，从有利于人体健康的角度出发，应注意以下几点：

（1）新买的水族箱底柜不要急于放进居室，有条件的最好放在空房间里，过一段时间再用。

（2）水族箱底柜里，尤其是人造板制作的底柜在使用时一定要注意，尽量不要把内衣、睡衣和儿童的服装放在里面。因为水族箱经常换水，易弄湿衣物，同时甲醛是一种过敏原，当甲醛从纤维游离到皮肤上超过一定的量时，就会使人的皮肤产生过敏反应。

（3）在室内和底柜内采取一些有效的净化措施及材料，如最新研制出的专门吸附衣柜中甲醛的装置，可大大降低家具释放出来的有害气体。

（二）水族箱底柜的健康安全

水族箱底柜除了绿色健康外，更重要的一点还要考虑底柜的安全和承重。一旦水族箱底柜不堪重负出现开裂或坍塌，则会导致鱼缸破裂、家具被淹，甚至殃及四邻的严重后果。

从生产者的角度来讲，水族箱底柜应特别注意其安全可靠性。如底柜要按标准生产，同水族箱相配套，有足够的深度和空间；上下组合要有锁紧手段；层板有足够的承受力，负重时不会向下弯；抽屉不应整个拉出；柜台面要求平衡；台

图164　检查底柜的侧门

图165　安装好的水族箱

边达到一定受力时不应翻倒；柜门有玻璃时应配固定胶垫以防走位或脱落；台角要求圆钝以免碰伤；柜门应有开关锁等安全工艺措施，以防小儿被夹（图164）。

从消费者的角度来说，应根据以下几点选择安全的水族箱底柜。①稳定：应选择底部宽阔、平稳贴地、不左摇右晃的产品。②结实：单薄的水族箱底柜承受重力时会变形；接合部分易移位造成使用时摇摆；层板单薄使用时易下弯，造成开关橱门不畅，更多情况下单薄的底柜可能造成木板的断裂，导致严重事故。③危险陷阱：有尖角及利边或一些足以构成受伤的间隔、空位。④结构：底柜各部位不应有裂纹，接合部分应紧密，不应有出头的螺钉，在结合部位不宜使用钉子，应设为榫槽结构。⑤装配：每一个部位，包括配件应妥善装嵌，螺丝上紧，开关、锁具都要易于使用（图165）。

（三）水族箱底柜的日常保养

（1）经常用软布顺着木板的纹理，为底柜去尘。去尘之前，在软布上蘸些清洁剂，不要用干布擦抹，以免擦花。

（2）实木底柜在较干燥的环境下使用时，需采用人工加湿措施，如定期用软布蘸水擦拭家具。

（3）定期打蜡。每隔6～12个月，为底柜上一层膏状蜡。上蜡之前，应先用较温的非碱性肥皂水将旧蜡抹除。

（4）避免食物汤料、油渍等沾污或损坏柜面。

（5）尽量避免柜面接触到腐蚀性液体、酒精、指甲油和亮漆去除剂等。

（6）较高档的水族箱底柜若不小心粘上污渍，可以采用以下几种除污渍小窍门去除：

①刮痕及凹痕的维修：较简单的方法是用棉球或画笔，在底柜表面涂上颜色相近的鞋油。

②去除水迹：用干净的吸水纸铺在水迹上，用加热熨斗重压在上面，也可用沙拉油、牙膏涂抹，过后将之擦干，并上蜡。

③去除白印：用布蘸上烟灰与柠檬汁或沙拉油混合物涂抹，擦干后上蜡。

第四章　　水族箱造景与设计

一、水族箱的造景主体

（一）常用于水族箱造景的观赏鱼

1. 金鱼、锦鲤

（1）草金鱼　背鳍基部长，尾鳍呈叉形，尖端略圆（图166）。

原产地：中国

饲养难度：易

食性：杂

水温：0～20℃

活动区域：上、中、下层水域

图166　草金鱼

（2）五花金鱼　鱼体色由蓝、紫、褐、黄、红、橘和黑色珠光鳞形成，有发达的鱼鳍（图167）。

图167　五花草金鱼

原产地：中国

饲养难度：易

食性：杂

水温：0～20℃

活动区域：上、中、下层水域

（3）墨龙睛　眼为龙睛形，体色为丝绒般纯黑，以通体墨黑不透明的金色为名贵（图168）。

原产地：中国

饲养难度：易；冬季宜于室内饲养

食性：杂

水温：8～20℃

活动区域：上、中、下层水域

图168　墨龙睛

（4）鹤顶红　整个头部包着草莓状肉瘤，鱼体常闪有红色光泽并嵌有白色花斑（图169）。

原产地：中国

饲养难度：易；冬季宜于室内饲养

食性：杂

水温：0～20℃

活动区域：上、中、下层水域

图169　鹤顶红

图171　红白朝天眼

（5）狮头　橘红色的头，没有背鳍，而臀鳍及尾鳍则短而坚挺（图170）。

原产地：中国

饲养难度：易；冬季宜于室内饲养

食性：杂

水温：8～22℃

活动区域：上、中、下层水域

其他常见的用于水族箱造景的金鱼品种有玉印头、王子虎头、水泡、寿星和绒球等（图172、173、174和175）。

图170　红龙睛狮头

图172　玉印头

（6）朝天眼　体色为闪光橘色；臀鳍、尾鳍不发达，无背鳍，双眼朝天（图171）。

原产地：中国

饲养难度：易；冬季宜于室内饲养

食性：杂

水温：8～22℃

活动区域：上、中、下层水域

图173　王子虎头

图174　五花珍珠鳞

图175　五花龙睛

（7）红白锦鲤　体表底色银白如雪，上面镶有变化多端、红色斑纹的为红白锦鲤（图176）。

原产地：日本

饲养难度：易

食性：杂

水温：0～20℃

活动区域：上、中、下层水域

图176　红白锦鲤

（8）三色锦鲤　鱼体雪白，其上有绯红、乌黑两色斑纹，包括大正三色锦鲤、昭和三色锦鲤等（图177、178）。

原产地：日本

饲养难度：易

食性：杂

水温：0～20℃

活动区域：上、中、下层水域

图177　大正三色锦鲤

图178　昭和三色锦鲤

（9）白金锦鲤　全身为白色（图179）。

原产地：日本

饲养难度：易

食性：杂

水温：0～20℃

活动区域：上、中、下层水域

图179　白金锦鲤

其他常见的锦鲤品种有黄金锦鲤、孔雀、秋翠等（图180、181）。

图180　黄金锦鲤

图181　孔雀锦鲤

2．热带鱼

（1）孔雀鱼（百万鱼）　尾鳍有扇形、纱形或针形，色彩丰富多彩（图182）。

原产地：圭亚那、委内瑞拉等南美洲

饲养难度：易

食性：杂，绿色植物

水温：23～28℃

活动区域：上、中、下层水域

图182　孔雀鱼

（2）剑尾鱼　色彩有红、青、黑、白、花色等，以红色最有名；形态有高鳍、帆鳍、叉尾、双尾、鸳鸯剑形和特大鳍形等（图183）。

原产地：北美墨西哥、中美洲

饲养难度：易

食性：杂，绿色植物

水温：24～28℃

活动区域：上、中、下层水域

图183　红剑尾

（3）玛丽鱼　包括金玛丽鱼、红玛丽、黑玛丽等。体呈金黄色至橘红色、红色或全身黑色（图184）。

原产地：中美洲及墨西哥

饲养难度：易

食性：杂

水温：24～27℃

活动区域：上、中、下层水域

图184　黑玛丽

（4）红绿灯鱼　体色有红有绿，非常艳丽迷人（图185）。

原产地：南美洲的亚马孙河

饲养难度：易

食性：杂

水温：22～28℃

活动区域：上中下层水域皆可

图185　红绿灯

（5）神仙鱼　体高而薄，背、腹、臀鳍均长，体色银白，体侧有几道黑色的横纹，华丽大方（图186）。

原产地：亚马孙河、圭亚那等南美地区

饲养难度：易

食性：杂

水温：24～28℃

活动区域：上、中、下层水域

（6）七彩神仙鱼　具有"热带鱼之王"美称的七彩神仙鱼，以其独特的圆盘体形、艳丽的色彩和高雅的姿态，受到了广大观赏鱼爱好者的喜爱（图187）。

原产地：南美洲巴西境内亚马孙河

饲养难度：难

食性：新鲜动物饵料

水温：25～30℃

活动区域：上、中、下层水域

图186　神仙鱼

图187　七彩神仙鱼

（7）接吻鱼　有橄榄绿和淡肉色两种体色，常用有锯齿的嘴唇亲吻同属鱼类（图188）。

原产地：泰国、马来西亚、婆罗洲、苏门答腊等远东地区

饲养难度：较易

食性：杂，包括植物性饵料

水温：24～28℃

活动区域：上、中、下层水域

（8）柠檬灯鱼　体色淡黄，臀鳍前缘鲜黄色，鱼体两侧为银白色，眼上部鲜红，并有淡黄色的脂鳍（图189）。

原产地：南美洲的亚马孙河

饲养难度：易

食性：杂

水温：22～28℃

活动区域：皆可

（9）虎皮鱼　体呈红褐色，下侧渐转银白色，身体两侧4条黑色横带清晰可辨（图190）。

原产地：苏门答腊

饲养难度：易

食性：杂

水温：23～27℃

活动区域：中、下层水域

（10）蓝三角鱼　鱼基色为银白色，背鳍下部至尾部有一块蓝光闪闪的三角形斑纹（图191）。

原产地：泰国、马来西亚、印度尼西亚

饲养难度：易

食性：杂

水温：23～27℃

活动区域：上、中、下层水域

（11）红尾黑鲨　身长，全身乌黑，尾鳍鲜红，红黑相配，华美鲜丽，很受养鱼者欢迎（图192）。

原产地：泰国

饲养难度：易；有时好斗

食性：杂

水温：24～28℃

活动区域：中、下层水域

图190　虎皮鱼

图188　接吻鱼

图191　蓝三角鱼

图189　柠檬灯鱼

图192　红尾黑鲨

（12）**日光灯鱼** 身上有一条蓝色霓虹纵带，纵使带上方呈褐色，下方为鲜红色，诸鳍无色透明，尾鳍上饰有少许红色（图193）。

原产地：南美洲

饲养难度：易

食性：杂

水温：23～27℃

活动区域：上、中、下层水域

（13）**霓虹灯鱼** 基色为鲜红色，配上一条银蓝色霓虹纵带，鲜艳夺目（图194）。

原产地：南美洲

饲养难度：易

食性：杂

水温：23～27℃

活动区域：上、中、下层水域

（14）**暹罗斗鱼** 又叫泰国斗鱼，鱼体呈蓝色和红色，但现在有不少斗鱼体上饰有多种其他颜色的条纹,有红、蓝、紫、白和黄等色（图195）。

原产地：泰国、马来西亚

饲养难度：易

食性：杂

水温：24～30℃

活动区域：上、中、下层水域

（15）**叉尾斗鱼** 体上布满了红、蓝、棕三色横条纹。雄鱼有很长的背鳍、臀鳍和尾鳍（图196）。

原产地：远东

饲养难度：较易；好斗

食性：杂

水温：20～28℃

活动区域：上、中、下层水域

（16）**珍珠马甲** 鱼长10～13厘米，体呈椭圆形，侧扁。体表基调色为褐色，上面布满珍珠状灰色斑点，从吻端经眼睛直至尾基部，有一条锯齿形的黑色斑纹，末端有一黑圆点。背鳍高而长，飘向后方，上面也有珍珠斑点；胸鳍已演化成两根红色须状长丝；臀鳍与尾鳍相连，上面均有珍珠状斑点。胸部为深橘红色（图197）。

原产地：东南亚的马来半岛、泰国等地。

饲养难度：容易

食性：杂

水温：24～27℃

活动区域：上层水域

图195 泰国斗鱼

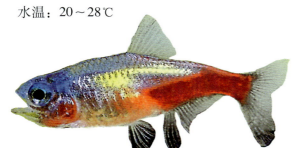

图193 日光灯鱼

图196 叉尾斗鱼

图194 霓虹灯鱼

图197 珍珠马甲

其他常见热带鱼还有罗汉鱼、金菠萝、凤凰鱼，以及其他小型灯鱼等（图198、199、200、201、202）。

图198　罗汉鱼

图199　金菠萝

图200　美人鱼

图201　玫瑰鲫鱼

图202　琵琶鼠鱼

（17）过背金龙　幼鱼时期的鱼体呈浅金绿色，成鱼的鳞框则呈金黄色，并且包括整个鱼背，各鳍均呈金红色（图203）。

原产地：马来西亚

饲养难度：较难

食性：肉食性

最适水温：24～28℃

活动区域：上、中、下层水域

图203　过背金龙

（18）红龙　幼鱼时期鱼鳍呈淡淡的金绿色，鳞片边缘略带粉红色，嘴部则为浅红色。成鱼时，鱼体成金黄色，鳞片边缘则带有金红色的鳞框，嘴部及鳃盖均带有深红色的斑纹，各鳍均呈深红色（图204）。

原产地：印度尼西亚

饲养难度：较难

食性：肉食性

最适水温：24～28℃

活动区域：上、中、下层水域

图204　红　龙

（19）银龙（银带） 体色呈银白略带浅蓝色，并有浅粉红色的纹路，背鳍及臀鳍呈带状向尾鳍延伸，而尾鳍较小。下颌较上颌突出（图205）。

原产地：亚马孙河流域

饲养难度：较难

食性：杂食性

最适水温：24～30℃

活动区域：上、中、下层水域

其他常用的热带鱼还有青龙等（图206）。

图205 银 龙

图206 青 龙

3．海水鱼

（1）小丑鱼 以鲜明的橘黄体色和生于上面的3条白色带状纹而极易辨认（图207）。

原产地：印度洋—太平洋

饲养难度：较易

食性：杂

水温：23～27℃

活动区域：上、中、下层水域

图207 小丑鱼

（2）蓝带神仙鱼 黄色的鱼体镶有浅色边绿蓝色彩带，彩带打破了"鱼形"轮廓线，使眼部得到最好的伪装，有效地防范凶猛同类的攻击（图208）。

原产地：太平洋

饲养难度：易；好斗

食性：碎屑状或绿色饵料

水温：23～27℃

活动区域：上、中、下层水域

图208 蓝带神仙鱼

（3）倒吊 鲷科海水鱼，常见的有花倒吊、大帆倒吊、黄三角倒吊和纹倒吊等（图209）。

原产地：印度洋－太平洋

饲养难度：较易

食性：杂

水温：25～26℃

活动区域：上、中、下层水域

图209 黄三角倒吊

（4）皇帝神仙鱼 幼鱼体色为蓝色，其上有白色条纹。随着年龄的增长，白色渐转为黄色，条纹则变成水平状波纹。尾鳍呈黄色。臀鳍则为蓝色（图210）。

原产地：印度洋—太平洋、红海

饲养难度：易；凶猛

食性：碎屑状或绿色饵料

水温：23～27℃

活动区域：上、中、下层水域

图210 皇帝神仙鱼

其他常见海水鱼还有海水类神仙鱼、鲉鱼类、鲽鱼类等（图211、212、213、214）。

图211 花面神仙鱼

图212 人字蝶

图213 网 蝶

图214 水银灯

4．挑选观赏鱼的原则 挑选观赏鱼，应遵循以下原则：

（1）**要选易于驯饵的观赏鱼** 尤其是在选择海水鱼时更要注意这一点。由于海水鱼中大多数鱼种还无法进行人工繁殖，所以我们在水族店见到的大都是从珊瑚礁附近的浅海水域捕来的野生鱼，这就涉及到驯饵的问题，因此最好选能尽快接受人工饵料的鱼只。海水鱼根据不同的食性，又分肉食性、草食性和杂食性。杂食性的鱼最易饲养，它们以虾、藻、小鱼等为主食，棘蝶鱼大都属于这一类，此外，还有蝶鱼中的关刀鱼、月眉蝶、人字蝶，它们都是现下饲养较普遍的种类；草食性的海水鱼主要取食水中的藻类如刺尾鱼科，驯饵有一定的难度；最难饲养的就是特殊食性的海水鱼，它们摄食范围狭窄，只吃珊瑚肉、珊瑚虫等极难寻找的食物，不适宜新手饲养。

（2）**挑选幼鱼和食欲旺盛的观赏鱼** 观赏鱼

若从幼鱼阶段就开始饲养，不仅容易驯饵，可塑性强，易于适应新环境，而且生命力较其他阶段的鱼更加旺盛易于成活。为了观察鱼吃食情况，购鱼时最好在水族店当场试喂，食欲好、抢食快的鱼必定健康，而且可以从中了解驯饵的程度，由此鉴别出该鱼捕捉后饲养时间的长短，避免买刚捕捞的鱼。

（3）挑选鱼只要考虑不同鱼种之间的相容性　也许谁都希望自己的水族箱饲养各式各样色彩缤纷的观赏鱼，可还要考虑它们之间是否能成为真正和睦相处的邻居。不同的鱼种有不同的生活习性，肉食性观赏鱼不能与小型鱼类混养，否则小型鱼会成为它们的美餐；对于领域性强喜好打斗的观赏鱼，尽量避免与其他鱼混养，如若饲养在同一水族箱中，也要注意多设装饰品，以提供鱼只躲藏的处所；同种观赏鱼，只放养2～3条时，它们之间会争斗不休，而当放入一定数量后，反倒能相安无事和平共处；吃食速度过分悬殊的鱼不宜饲养在同一水族箱，以免长期抢不到食物的鱼只因缺乏营养而患病；饵料单一的鱼最好不要和其他鱼混养。

水族箱中饲养鱼的数量，要根据水族箱的体积大小、配套硬件设备的功能以及水质情况而定。在水温25℃以下，水容量100升的水族箱中，可放养10条3厘米的鱼只；当水温长期处于30℃的高温时，饲养数量就要减半。刚开始饲养鱼只，由于建立的过滤循环系统尚未稳定，因而饲养密度不宜过高。

（二）常见观赏水草

1. 常见观赏水草

（1）奥莉水榕　叶柄较短，在水上会长出前端尖尖的线状长椭圆形绿叶，叶的基部为耳朵形（图215）。

碳酸盐硬度：2°～15°dH
酸碱度（pH）：6.0～7.5
水温：22～28℃
光照：自然光照
布景位置：前景、中景
水族箱适宜高度：35～45厘米

（2）巴榕　拥有根茎，向上方会长出大型的卵形叶，叶基部为心形，革质，翠绿色，长15～20厘米，叶柄很长（图216）。

原产地：阿尔及利亚、喀麦隆

碳酸盐硬度：2°～15°dH
酸碱度（pH）：6.0～7.5
水温：22～28℃
光照：自然光照
布景位置：中景、后景
水族箱适宜高度：30～45厘米

（3）豹纹红蛋　在硬度极高的水族箱中未成熟叶略带红色，长30～40厘米、宽4～5厘米。叶子有明显的纵向叶脉和横向叶脉，边缘有皱褶（图217）。

原产地：巴西
碳酸盐硬度：4°～11°dH
酸碱度（pH）：6.2～7.8
水温：20～28℃
光照：强烈光照
布景位置：后景、中景
水族箱适宜高度：45～50厘米

图215　奥莉水榕

图216　巴榕

图217　豹纹红蛋

（4）豹纹象耳　种在小型水族箱中极为理想。叶片呈卵圆状，叶尖端呈尖形，属平行叶脉，叶高约15～25厘米、宽15～20厘米，一般在新生的叶片上会出现明显的红褐色斑点，随着年龄的生长，斑点颜色显得越来越亮眼（图218）。

原产地：南美洲

碳酸盐硬度：3°～10°dH

酸碱度（pH）：6.0～8.0

水温：20～28℃

光照：中、强光照

布景位置：中景

水族箱适宜高度：45厘米

图218　豹纹象耳

（5）薄荷草　这种水草能发出犹如薄荷般独特的香味，叶片呈现淡黄色，花呈棕红色，高度约30厘米（图219）。

原产地：日本、东南亚

碳酸盐硬度：3°～11°dH

酸碱度（pH）：6.8～7.3

水温：22～29℃

光照：中、强光照

布景位置：中景、后景

水族箱适宜高度：40厘米左右

（6）长叶皇冠　披针形或椭圆形的气生叶，长15～25厘米、宽3～10厘米，两端尖；花约1.5厘米，有12个雌蕊，果实0.2厘米。直线形有水中叶，丛生，长20～30厘米、宽5～10厘米（图220）。

原产地：中美洲、巴西南部

碳酸盐硬度：2°～8°dH

酸碱度（pH）：6.0～7.0

水温：20～26℃

图219　薄荷草

图220　长叶皇冠

光照：中、强光照

布景位置：后景、侧景

水族箱适宜高度：50厘米以上

（7）大气泡椒草 水中叶的生长高度可达30~80厘米、宽3~4厘米，叶面有层层波浪皱褶，向两端渐宽，叶柄几乎与叶等长，可支持叶向上直立（图221）。

原产地：印度尼西亚

碳酸盐硬度：6.0°~11.0°dH

酸碱度（pH）：5.5~6.5

水温：20~28℃

光照：中等光照

布景位置：前景、中景、后景

水族箱适宜高度：45厘米

（8）凤梨水兰 长5~10厘米、宽0.5厘米的叶子，无明显叶柄，从叶腋上长出雌雄同体的花朵。可作为鲜明的背景装饰，并须提供充足空间供子代生长（图222）。

原产地：西非

碳酸盐硬度：2°~5°dH

酸碱度（pH）：6.0~7.0

水温：24~28℃

光照：强光照

布景位置：背景

水族箱适宜高度：35~40厘米

（9）盖亚纳柳叶 水生叶长5~10厘米、宽1.0~1.5厘米；宽阔枪尖形气生叶长10~18厘米、宽1~3厘米。叶表为深绿色，叶腋上有3~7朵的花丛，花冠白，最大1厘米（图223）。

原产地：南美洲北部

碳酸盐硬度：2°~10°dH

酸碱度（pH）：6.0~7.2

水温：22~28℃

光照：中、强光照

布景位置：后景、中景

水族箱适宜高度：35~45厘米。

图222 凤梨水兰

图223 盖亚纳柳叶

图221 大气泡椒草

（10）红蛋叶　高度可达40～50厘米，未成熟叶略带红色，长椭圆形，成熟叶子呈绿色至浅棕色，叶子有明显的纵向叶脉和横向叶脉，边缘有皱褶（图224）。

原产地：巴西

碳酸盐硬度：5°～15°dH

酸碱度（pH）：6.5～7.5

水温：22～28℃

光照：强烈光照

布景位置：后景、中景

水族箱适宜高度：45～50厘米

图224　红蛋叶

（11）红菊花草　茎沉水，挺立分枝，3叶轮生，高度约40～50厘米，线形，花朵是粉红色（图225）。

原产地：南美洲、中美洲

碳酸盐硬度：2°～6°dH

酸碱度（pH）：5.5～6.2

水温：24～28℃

光照：强烈光照

布景位置：后景、中景

水族箱适宜高度：45厘米

（12）心皇冠　椭圆或心形的气生叶，长9～11厘米、宽7～8厘米，花朵约4厘米，有20～24个雌蕊，柄很长，约为叶长的2～3倍（图226）。

原产地：南巴西、乌拉圭、阿根廷

碳酸盐硬度：5°～12°dH

酸碱度（pH）：6.5～7.5

水温：22～28℃

光照：自然光照

布景位置：前景

水族箱适宜高度：45～50厘米

（13）小喷泉　狭窄的叶面，深绿色叶子长达50～100厘米、宽约0.3厘米，末梢细长尖锐，呈现优美修长的体态（图227）。

原产地：喀麦隆

碳酸盐硬度：2°～12°dH

酸碱度（pH）：5.5～7.2

水温：24～28℃

光照：强光照

布景位置：中景

水族箱适宜高度：45～50厘米

图225　红菊花草

图226　心皇冠

图227 小喷泉

图228 网草

（14）网草 这是一种拥有独特外形的水草，最特别的部分在于它拥有网似透明的叶片，只有网状叶脉，缺乏叶肉组织，就像网子一般（图228）。

原产地：马达加斯加
碳酸盐硬度：2°～3°dH
酸碱度（pH）：5.5～6.5
水温：20～22℃
光照：中等光照
布景位置：前景、中景
水族箱适宜高度：30～50厘米

（15）扭兰 具有螺旋狭长线形叶，绿色的叶子呈丝带状且常常交错纠结呈螺旋扭曲。水中叶高15～25厘米，宽却只有5～8毫米，叶缘有锯齿状（图229）。

原产地：北美洲、西印度群岛
碳酸盐硬度：2°～15°dH
酸碱度（pH）：6.0～8.5
水温：22～30℃
光照：强烈光照
布景位置：中景、后景
水族箱适宜高度：30～50厘米

图229 扭兰

2. 水草的挑选原则

（1）设备及置景位置匹配的原则 没有二氧化碳系统，就应该避免选购一些速生型的水草，应该选购一些生长缓慢而种植需求度较低的水草，如皇冠草类、铁皇冠类和榕类等。同时，选择水草时应也要考虑到本身配置设备的条件，依照配置设备的功能不同而挑选大小、长短、光亮要求能配合的水草种类。当然，选择水草时更应该要考虑到前景、中景、后景都要有适合的种类，在布设时能体现出立体感。背景水草可以选择高达水面的水草种类；中间以及两侧选择半高的水草种类；而前景则应该是矮小的水草（图230）。

（2）数量和种类适宜的原则　在选购水草以备种植的数量方面，选择适合当地气候状况的水草，全部种植水草的面积应该要有水族箱底面积的70%左右，水族箱所用的水草种类越少越会有整体感，用太多种反而会凌乱没有美感，红色系的水草（图231）不宜种植过多。

（3）技术相宜的原则　尽量挑选颜色、叶形、大小相近的水草品种，如果种植技术不是很有把握，避免种一些高难度的水草品种。

（4）综合选配的原则　既要选择水中叶形的水草，也要选择水上叶形的水草。同时，要根据水族箱的规格选择相适应的水草。

（5）优质无害的原则　水网藻、丝藻、刚毛藻等大型藻类在水中繁殖特快，有时会影响鱼的活动，而且不易清洗和杀灭，选购水草时，要仔细挑选不能带有青苔等杂质（图232）。

（6）鱼草相宜的原则　水草的栽种除了要讲究园艺技巧外，还得考虑观赏鱼对环境的具体要求。对于一些鱼体透明或浅色的鱼类，需要有一些深色的植物作背景，更能衬托出鱼体的可爱；而一些体型灵巧、活泼的品种，植物不宜太茂密，也不适合栽种那些叶面宽阔、植株高大的种类，否则，鱼就不能自由穿梭游动，鱼体常被植物所掩盖；有些鱼类以水生植物为食或喜叼啄植物，使茎叶折断，甚至整株植物被钻掘浮于水面。饲养这类鱼时，水族箱内不宜栽种植物，如果栽种，只能选择生命

图230　水草要有立体感

图231　红色系的水草

图232　优质无害的水浮莲

力极强的水草，可直接种于池底的土中，也可栽在花盆里，再将栽有草的盆放在水族箱内（图233）。

（7）合理配套的原则　在选购水草时，既要考虑自己的经济承受能力，又要考虑到与所养观赏鱼是否协调，更要考虑自己水族箱的尺寸。在小水族箱中，种植大株或过多的水草，不但不雅观，而且妨碍鱼的游动及生长；在大的水族箱中，种植小型或过少的水草，又达不到栽种水草的效果。

图233　草鱼相亲

3．水草的挑选标准　作为水族造景所用的水草，不仅要求品种好，而且在栽种之前要仔细挑选。一般选择标准有：

（1）**叶片**　要选择叶片有生气，叶形完好，色彩鲜艳且符合本种草所特有的颜色。

（2）**叶柄**　枝叶完整无损，叶柄短而嫩，新芽多，没有青苔附着。

（3）**草姿**　草姿完整，避免购买叶尖、叶面、根、茎有伤痕、溃烂、肿瘤或折断的水草。

（4）**年龄**　选择幼株比老株好，叶片多的老株，移植时易受伤；而叶片少的幼株，其生命力旺盛，在移植过程中不易受伤。

（5）**根茎**　要选择水草植株硕壮、根多、茎粗稳且健壮、挺拔繁茂、形态良好、叶色正常的植株。

（6）**块茎**　块茎类水草，应选择块茎硕大、饱满、完整、表皮光洁和无伤痕病斑者，而且必须带有叶芽。如果块茎无叶芽，说明内部组织可能坏死，无法成活，不宜选用。

（三）珊瑚及无脊椎动物

在水族箱中进行造景时，最常用的珊瑚及无脊椎动物主要有以下几种：

（1）**玫瑰海葵**（图234）

分布：地中海沿岸，水深低于8米的海区

饲养难易度：中等

温度：15～20℃

光照：中度光照

酸碱度（pH）：8.0～8.4

碳酸盐硬度：9°～11°dH

图234　玫瑰海葵

图235　紫点海葵

（2）紫点海葵（图235）

分布：地中海沿岸，水深30～50米的海区

饲养难易度：中等

温度：18～22℃

光照：中度光照

酸碱度（pH）：8.0～8.4

碳酸盐硬度：9°～11°dH

（3）拳头海葵（图236）

分布：印度洋、太平洋的浅滩，水深不超过40米的海区

饲养难易度：低

温度：22～26℃

光照：强光照

酸碱度（pH）：8.0～8.4

碳酸盐硬度：9°～11°dH

（4）公主海葵（图237）　又称毛毯海葵

分布：印度洋、太平洋的浅滩，水深不超过10米的海区

饲养难易度：高

温度：16～24℃

光照：强光照

酸碱度（pH）：8.0～8.4

碳酸盐硬度：9°～11°dH

（5）香菇珊瑚　（图238）

分布：印度洋热带海区

饲养难易度：低

温度：22～28℃

光照：微弱光照

酸碱度（pH）：8.0～8.4

碳酸盐硬度：9°～11°dH

图236　拳头海葵

图238　香菇珊瑚

（6）玫瑰千手佛（图239）

分布：北海及波罗的海，水深20～40米的海区

饲养难易度：高

温度：10～18℃

光照：微弱光照

酸碱度（pH）：8.0～8.4

碳酸盐硬度：9°～11°dH

图237　公主海葵

（7）火焰贝（图240）

分布：加勒比海沿岸的海区

饲养难易度：低

温度：22～25℃

酸碱度（pH）：8.1～8.4

（8）清洁虾（图241）

分布：印度洋、太平洋及红海海底

饲养难易度：低

温度：22～25℃

酸碱度（pH）：8.1～8.4

其他动物还有观赏虾（图242）、观赏蟹（图243）、观赏蛇（图244）、观赏蛙（图245）、观赏鳄（图246）、观赏蜥蜴（图247）、观赏螺（图248）、观赏蝾螈（图249）以及其他珊瑚、海葵及海星类（图250、251、252、253）。

图241 清洁虾

图239 玫瑰千手佛

图242 白点红虾

图240 火焰贝

图243 观赏海蟹

图244 观赏蛇

图248 观赏螺

图245 观赏蛙

图249 观赏蝾螈

图246 观赏鳄

图247 观赏蜥蜴

图250 红海星

图251 地毯珊瑚

图252 万花筒珊瑚

图253 羽状海树

（四）观赏龟

（1）鳄龟 又名鳄鱼龟、小鳄龟、肉龟、美国蛇龟、平背龟和啮咬龟。

头部呈三角形，顶部灰褐色，散布有小黑斑点，并有数粒小突起物，头部不能完全缩入壳内。趾、指间具强大的爪及丰富的蹼。尾长，是背甲长度的一半，尾部覆以环状鳞片，背部形成棘，似鳄鱼的尾（图254）。

分布：鳄龟原产于美国，1997年我国开始引进。

生活习性：鳄龟是水栖龟类，喜白天在水中，伏在木头或石块上，有时也漂浮在水面，头却朝上露出水面。夜晚龟开始爬动，鳄龟不怕寒冷，不惧炎热。

食性：在自然界中，鳄龟食昆虫、小鱼、鱼卵、虾、蟹、水螨、蟾蜍、蛇及藻类。在人工饲养条件下，食鱼、瘦肉等动物性饲料，也食少量黄瓜、香蕉等瓜果蔬菜。

（2）黄缘盒龟 又名断板龟、夹蛇龟和黄板龟。

头部光滑，吻前端平，上喙有明显的勾曲。头顶部呈橄榄色，眼后有一条黄色U形弧纹，背甲绛红色或棕红色，隆起较高，腹甲黑褐色，指、趾间具半蹼，尾短（图255）。

分布：我国和日本。

生活习性：在自然界中，黄缘盒龟栖息于丘陵山区的林缘、杂草、灌木之中，属半水栖龟类。

食性：黄缘盒龟为杂食性。

（3）地龟 又名金龟、十二棱龟，北京俗称枫叶龟。

头部浅棕色，头较小，背部平滑，上喙钩曲，眼大且外突，自吻突侧沿眼至颈侧有浅黄色纵纹。

背甲金黄色或橘黄色，中央具3条嵴棱，前后缘均具齿状，共12枚，故称"十二棱龟"（图256）。

分布：我国及越南、苏门答腊、罗婆州、日本。

生活习性：地龟生活于山区丛林、小溪及山涧小河边，是半水栖龟。

食性：杂食性，吃面包虫、蚯蚓、西红柿、瘦猪肉、黄瓜等。

（4）花龟 头较小，头背皮肤光滑。背甲较低，具三棱，脊棱明显。腹甲平，前缘平切，后缘凹入。指、趾间满蹼。尾长，往后渐尖细。头背及四肢背面栗色，有鲜明的黄色细线纹从吻端经眼、

图255 黄缘盒龟

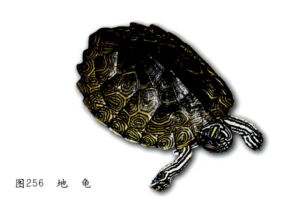
图256 地 龟

图254 鳄龟

图257 花 龟

头及颈的四周向身体延伸，四肢及尾亦饰有黄色细线纹（图257）。

分布：我国及越南、老挝。

生活习性：栖息在我国东南部低海拔地区的淡水水域。

食性：食性杂，爱吃植物嫩叶、水竹叶、蛹、螺及双翅目的幼虫。

（5）安南龟 又名越南龟、草龟。

头顶呈深橄榄色，前部边缘有淡色条纹，一直伸至眼后，侧部有黄色纵条纹，颈部具有橘红色或深黄纵条纹，背甲黑褐色，腹甲黄色且每块盾片上均有大黑斑纹，四肢灰褐色，指、趾间具蹼（图258）。

分布：越南。

生活习性：自然界喜生活于浅水小溪、潭及沼泽地中，有爬背习性。

食性：杂食性，喜食小鱼、虾、瘦猪肉、家禽内脏及黄粉虫，偶尔食香蕉等瓜果。

（6）巴西龟 又名红耳龟、巴西彩龟、翠龟、麻将龟、秀丽锦龟、七彩龟和彩龟。

图258 安南龟

图259 巴西龟

头、颈、四肢、尾均布满黄绿镶嵌粗细不匀的条纹、头顶部两侧有2条红色粗条纹。眼部的角膜为绿色，中央有一黑点。背甲、腹甲每块盾片中央有黄绿镶嵌且不规则的斑点，每只龟的图案均不同（图259）。

分布：美国及中美洲一些国家。

生活习性：巴西龟性情活泼、好动。它对水声、振动反应灵敏，一旦受惊纷纷潜入水中。巴西龟属水栖龟类，喜栖于清澈水塘，中午风和日丽则喜趴在岸边晒壳，其余时间漂浮在水面休息或在水中游荡。

食性：属杂食性动物。

二、水族箱造景的基本知识

（一）水族箱造景的概念及置景方法

水族箱造景是以水族箱等透明材料为载体，展示观赏水草、观赏鱼、虾及其他宠物的一种方式。通过它来欣赏湖泊、河流中的景致，它是水族箱造景师用不同品种、姿态、颜色、风格的水草和不同品种、颜色、特性的观赏鱼在水族箱中艺术再现，来营造一箱充满诗情画意的水中画卷。水族箱中水草绿意盎然，飘曳多姿，再加上色彩艳丽的热带鱼、形态奇异的海水鱼游弋其中，把水族箱布置得清新幽雅、富丽堂皇和生气盎然。常见的置景方法有五种：

1.**以鱼衬景** 即将景物置于水面，鱼置于水中，既赏景，又赏鱼；也可以大型山水盆景为背景，将水族箱置于其前面或斜侧面，在清澈透明的水体中，鱼儿上下潜游，别有一番韵味（图260）。

2.**以景衬鱼** 主要为水族箱内置景，鱼处于景物中充分显示出种的特征和风格。水草在光的照射下，青翠欲滴，生机盎然，偶见几尾小鱼悠然而至，瞬间又隐没于密林深处，犹如一个清幽静谧的仙境（图261）。

3.**群鱼景观** 水族箱内仅栽一些低矮小型水草，也可在箱壁外贴水中景图纸作衬托。在这宽旷的水体内放养1~2种数十或上百尾喜集群的鱼，如斑马鱼等。若同种同规格的鱼，可观赏其整齐一致地集体巡游的壮丽场面。也可养几尾大型鱼类，观赏其遨游风采（图262）。

图260 以鱼衬景

图261 以景衬鱼

图262 群鱼景观

图263 鱼和景结合

4．**鱼和景结合** 水族箱内放养多种形态和色彩各异的鱼类，箱底栽水草，设假山、亭、塔等景物，使其繁华似锦（图263）。

5．**立体式** 水族箱在室内不靠壁不靠边，前后左右都有光线穿透水族箱，前后都可观赏。这种立体式景观要有宽大的室内空间，如饭店、别墅的大厅。水族箱的底座较高，用水泥、大理石或水磨石砌筑，与地面用料一致。水族箱口内侧粘有较宽的玻璃边，可放电源插座、增气泵、滤水器等。箱内布景可以是立体式的，前后两侧都可以观赏不同水草的景观。应饲养体色和亮度不受逆光影响的鱼类（图264）。

（二）造景的搭配技巧

水族箱的周围及箱内的布置，可以反映主人的艺术爱好。如果水族箱里养的是浅色的观赏鱼品种，配上鹅卵石也是淡色的，再加上种植的水草也是稀稀拉拉的白椒草做背景，周边配置白网纹草也是淡色的，这样，不仅会使水族箱显得单调而没有活力，而且观赏鱼的特色也往往被冲淡。水族造景师认为，造景的搭配技巧讲究"以景衬鱼、以鱼选景"。简单的做法是，深色的观赏鱼如黑色、紫色和五彩的观赏鱼，最好选择淡雅一些、花纹变化简单而且色调冷一点的水草做背景；白色、淡色的观赏鱼，最好采用淡蓝、淡绿、粉红色或花纹色彩较深的水草做背景；红色观赏鱼最好避免选用全红色或红色偏多的水草，如红蝴蝶等作为背景。

（三）水族箱造景的原则

在水族箱造景时，我们可以

巧妙地充分利用水草的姿形、色彩、线条以及观赏鱼的色彩、泳姿进行有机的构图，通过水体生物环境的变化，造就一幅生动迷人的水底绿色生态图。

1．**科学与艺术的融合** 水族箱的造景设计，要具备科学性与艺术性的统一和融合。科学性就是要了解水草的色彩、水草的姿形、各种水草在原产地的环境特点及其生态习性，以及主要养殖对象鱼的生活习性、游泳状态、色彩及体形等，以便有目的地调节光照、水质和温度等，营造水生生物最适合的水环境；艺术性就是通过艺术构图，采用各种艺术手法如夸张、白描等艺术手法，表现出各种水生生物个体和群体的形态美，让人观赏后，达到赏心悦目、叹为观止、心旷神怡的艺术魅力。因此，我们必须有科学的水草种养与鱼类养殖知识。同时，有一定的水族箱管理与维护知识，采用艺术的手法，不断地根据水生生物的生长情况进行检测并及时处理，并变换不同的赏析视野，达到水族箱的整体上的科学与艺术的有机结合与融合（图265）。

图264 立体式置景

图265 科学与艺术的融合

2．多样与统一的结合　水草和观赏鱼的种类繁多，它们的姿形、色彩、游姿、栖息水层、线条、质地都有一定的差异和变化，多样性也大。如果我们将众多的水草和观赏鱼都布置在方圆不过1米²的水箱中，就会显得变化太大、杂乱无章，失去美感；如果采取简单机械、没有变化的搭配，这样又显得单调呆板。所以，要掌握在统一中求变化，在变化中求统一的法则。

在水族箱造景中，统一的原则体现在各种姿态、色彩水草区域的配置上。一个良好的造景区，要有前景、中景、后景和侧景之分，要达到统一，又要体现含蓄，要有层次感、变化感。前景要配植1～2种低矮的水草，像鹿角苔、莫丝、罗贝力、地毯草和矮珍珠等，体现出水草的群体美，有一种统一感；中景应配植较长的水草，如宽叶血心兰、绿柳、红柳、细巴戈和香菇草等，在这些水草中可选择2～3种来种植，与前后景相比，起到承前启后

的作用，富有层次和变化；后景与侧景应配植长的且线条丰满的水草，如大宝塔、红丁香、虎耳草、红蝴蝶、红松尾和乌拉圭皇冠等，衬托着前景和中景。这样，运用统一与变化的原则，使得景色显得更加生动壮观（图266）。

3．协调与对比的组合　水族箱造景设计，要注意动物与动物、动物与植物、植物与植物间的相互联系与配合，从中找出姿形、线条相近的水草种植在一起，生活习性和个体大小要相宜的观赏鱼养在一起，让人有一种柔和、舒适的美感。如在中景或侧景，选种一些绿柳、蔺草、细巴戈和水芹叶等，在姿形和线条上能产生协调感。水族箱的协调性还体现在，上层水体可放养群游性的小型观赏鱼如灯科鱼类（红绿灯、柠檬灯鱼等），下层水体则可放养底栖鱼类如观赏鲨鱼。

相反，在造景时用差异和变化的手法，也可以表现出对比的效果，使人产生强烈的刺激感。如在

图266　多样与统一的结合

图267 协调与对比的组合

一片空旷的前景后面，种上5～7株一丛的红柳或红蝴蝶，与绿色的前景和后景相映衬，色彩上一冷一热的强烈对比，使水景突出了主题，烘托了气氛；再加上一群五色斑斓的热带鱼穿游水草丛中，这一静一动的对比，给人以一种兴奋、热烈和奔放的感受（图267）。

4．均衡的原则 不同种类的水草，按其体积和质地，给人的感觉是有差别的。如体积庞大、色彩浓重的乌拉圭皇冠、巨榕之类的水草，质地粗厚，叶片宽大浓密，让人产生一种厚重的感受；而体态纤巧、色彩淡雅的绿松尾、小狸藻等水草，质地柔软，枝叶疏朗，给人以轻盈的感觉。配植水草时，无论采用对称式还是不对称式，都要能产生好的效果，景致看起来显得稳定、顺眼。若用对称式手法，可将水族箱背面贴上一层深蓝色的胶纸；水族箱两侧配植长的水韭、北极杉、小竹叶等；前景和后景配植牛顿草、苏奴草、小血心兰、鹿角苔；并以沉木或木

化石衬托；放养数百条红莲灯或蓝眼鳉，宛如一幅海阔天空的风景画。不对称式的配植，也常被应用于水草造景，如左侧配植大型皇冠草，而右边则以数量多、单株小的丛生型水草片植来配置，以求整个水族箱画面的均衡（图268）。

图268 均衡的原则

5.韵律和节奏的原则　水草配植中具有一定的规律性变化，就会产生韵律感。如前景、中景、后景和侧景的合理配植，水草的色彩、姿形和线条搭配均匀，高低错落有致，就产生了韵律和节奏感的变化。而群游于水草间的小型热带鱼的游动，会带来更为灵活的韵律感（图269）。

图269　韵律和节奏的原则

（四）水族箱造景的方法

水族箱造景的常用方法，主要有以下三种：

1.阶梯式造景法　适合贴壁式造景水族箱，基本造型是由后景水草逐渐往前景成阶梯状的布景手法。

造景要领：先摆放搭配素材，主要是石材或沉木，摆放时应注意材质的纹理，在不规则的材质上要表现出有规则的韵律，同样的几块木头石头，不同的摆设角度就能产生不一样的效果，搭配素材和水草间要相连在一起，不要间断，才会有连续整体感。开始时后景可种植一些长得速度较快的水草，前景、中景种植生长得较慢的水草；除了前景草，每种水草尽量一丛一丛地种植，一个水族箱里同种水草最好只有一丛，每丛水草的大小和排列方式尽量成不规则状，才不会使造景太死板，可以显现造景的立体感。

2.双面式布景法　大多是利用在隔间式造景的水族箱，两面都能观赏的布景手法。

造景要领：原则上双面式布景法和阶梯式布景法的造景要领是一样的，只是因为要顾及到两面都需要观赏，所以在造景时应考虑到两边都要有美感。基本上可以把水族箱的中间线做为种后景草的位置，再由两边种中景和前景草，更能凸显造景

的层次感与立体感，尤其是在宽度不是很宽的水族箱，这种手法能显出双面造景的趣味性。

3.三度空间水草造景　三度空间水草造景就是除了能欣赏到水中的造景外，水面上也要有造景。

造景要领：通常是要使用敞开式的水族箱，再加上吊顶悬挂式的灯具，才能更好地表现出三度空间水草造景的水草生长的美感，布景时可多用一些挺水性和浮水性的水草，这样便能欣赏到水中和水上造景变化的乐趣。三度空间水草造景缸是属于难度较高的造景方式，因为它需要较高级的配备，造景时要考虑到的地方也较多，难度较大，是一种很有挑战性的造景方式。

在用以上三种造景方式完成水草的造景后，再放入观赏鱼和其他观赏动物进行饲养。

三、水族箱的造景步骤

鉴于我国水族爱好者目前大都以养殖和观赏淡水热带鱼及水草为主，故本章节重点以水族箱中水草的栽种与造景、观赏鱼的选购与放养、水族箱的日常维护等为主进行介绍。

海水鱼造景与热带鱼造景的主要区别，在于海水的配制与净化、海水珊瑚和海水鱼的驯饵和养护、海水水草（如海树）的栽种等方面。

生态缸造景与热带鱼造景的区别，在于生态缸的上部分，因为箱内部分造景与热带鱼的造景完全相同，而缸上造景要处理好整体设计、石材和陆上植物的选择及养护、维生系统的控制等内容，可以借鉴园艺景观设计与造景。

掌中缸的造景比较简单，和热带鱼造景相似，只是更简约、更小型化而已。

在水族箱造景中，笔者将它分为七大步骤，再细分为62个小步骤。这是为了方便水族箱爱好者学习、借鉴和参考所用。在具体操作中，有的步骤可以加以取舍。

（一）水族箱的处理

（1）购置水族箱。根据居室条件及个人的经济能力，选择合适的水族箱。

（2）检查水族箱箱体（图270）。

（3）安装水族箱的底柜（图271）。

（4）水族箱放置。

图270 检查水族箱箱体

图272 清洗后的沙石用于造景

图271 安装并检查水族箱底柜的安全

图273 清洗后的石材做造景主石

（5）贴好背景纸。鱼缸的背景可以根据个人的喜爱，把它贴上背景纸（石景、草景、蓝色背景纸等）。

（6）清洗沙石。底沙的大小应配合鱼嘴的大小，以便鱼儿可以将沙搬来搬去玩乐。将70千克沙洗净，将水草沙清洗干净（图272）。

（7）整理沙石。将充分混合后的基肥沙平均铺于水族箱底部，底沙铺设厚度可依造景需要高低不同，一般前低、后高，中间低、两侧高。在基肥沙上可以洒上能培养各种细菌生存的红土基肥，以供给水草充足的养分。再将剩余的1/3水草沙铺于基肥沙之上。

（8）选好沉木。

（9）清洗沉木并做好造景准备。用刷子仔细刷洗沉木，主要是去除有害的物质或可能对水质产生影响的附着物。

（10）选择石材等装饰物。这些饰物的大小、形状要合适，不能喧宾夺主。

图274 水草基肥

（11）清洗石材（图273）。

（12）水草基肥的选择。将2/3的底沙与购买的水草基肥混合（图274）。

（13）其他肥料的选择。主要有水草液肥、水草根肥、铁肥和锭肥等。

（二）水草选择与处理

（14）挑选水草。

（15）叶片的选择（图275）。

（16）叶柄的选择（图276）。

（17）草姿的选择（图277）。

（18）块状根的选择。

（19）水草的保存（图278）。

（20）水草的装运（图279）。

（21）需要整理根须的水草（图280）。

（22）整理水草（图281）。

（23）用细线捆绑沉木。如造景中有片岩，则将鹿角苔绑在片岩上。

（24）绑上小草的沉木待用。将绑有鹿角苔的片岩，放在其前景相应的位置，加入1/3的水容量。

（25）水草的消毒（图282）。

图275 水草的叶要选好

图277 水草的草姿要富有个性

图276 水草的茎挑选

图278 水草的保存

图279 水草的装运

图280 需要整理根须的水草

图281 临栽前对水草的整理

图282 水草的消毒

（三）水族箱的处理

（26）铺设底沙，装好基肥（图283）。

（27）挖好洞穴供植草用。

（28）放好主石。

（29）做出效果图。根据所要造景水族箱尺寸，自己所要营造出的风格、意境，画出水草构图的平面图（布置规划图），有条件的可用电脑作出效果图。

图283 铺好底沙

（四）水草的种植

（30）放好水待栽草。往水箱中注水，栽好植物并安装好设备。具体的步骤为：先往水箱中注水。注水时避免水直接冲击底质，可将水倒在覆盖在水箱底的硬纸板、油膜纸或塑料膜上。也可将水注入置于盘子上的小瓶中。最重要的是避免水流直接冲击底质。水只要放到半箱。加入少量的温水来提高水温（即使水草也可能不耐寒）。不要把水直接倒入水族箱，以免扰乱铺垫物或底石。应在铺垫物上放一个盘子，把水轻轻倒在上面。如果加水速度缓慢，砾石和岩石就可以慢慢定位，防止岩石倒塌或漏水（图284、285）。

图284 放入3厘米的水方便平整沙层

81

图285 放入1/3的水开始栽草

（31）水草的水温调试。

（32）打开水草包装（图286）。

（33）用水草夹或水草镊栽草。移走纸板、小瓶等。植入水草，让植株小的种类靠前种植，如龙须草，它的叶子从根颈处生长出来，种植时一定要暴露根颈，否则叶子会烂掉（图287）。

图286 打开水草包装

图287 用镊子植草

（34）手工栽草（图288）。

（35）栽种后景草、中景草和前景草。在前景及或片岩间隙种植前景草，如矮珍珠等前景草，小心将水位加高至3/4处（图289）。

图288 正在栽种水草

图289 栽种前景草

（36）主景草的栽种。将铁皇冠或小榕等固定在沉木上之后，置入沉木所在造景缸中相应的位置。再依水草种植图依次植入其他各种水草。

（37）栽好草后进水。

（38）植草并安放好饰景材料。加入水质调节剂和除氯剂。将水加至离玻璃上缘约2.5厘米处。加水至造景的高度，用小型捞网小心地捞出水面上的叶片及残渣。造景过程完毕，精心照料一段时间过后，就可欣赏到丰收的景观了（图290）。

图290 投放硝化细菌

（五）水族箱配套设备的安装

这一步骤有的鱼友可以放在水草的栽种之前进行，也可以放在这一步进行。

（39）安装过滤泵。

（40）安装上部过滤器。如有连接管，则安装好。将沉水马达安装好，吸管筛孔应离底部至少5厘米。安装好电动滤器的进出气管，或将水泵安装在沙底滤器的空气提升管的顶端。

（41）安装加热棒或底部加热设施。浸泡在水中的加热棒通常需要一个支架，即用一个带吸盘的弹力夹子把它们粘在玻璃上，以便水能在其周围自由流动。加热棒、恒温器最好呈45°角，放在水流状态良好处。加热系统在水族箱装满水之后，就可以安装，但还不能打开开关，也不要忘记安装温度计。将温度计装在可以看到的地方。底部加热设施则要在细沙加入水族箱后、水草栽种前进行。最后将自动温控器设定在22～26℃。

（42）安装气泵或增氧设施。气泵通常位于水族箱的下面，如果有几个气泵，则一系列的阀门将按需要平均分配空气（图291）。

图291 抽水增氧系统的安装

（43）安装灯管。荧光灯管通常用两个金属或塑料的弹力夹固定，再用螺栓固定到水族箱顶盖上。如果未进行预安装，最好在距尾端7.5～10厘米的位置将它们固定。对较深的水族箱或是需要强光照的珊瑚类，就需要聚光灯来满足要求，也可使用金属卤素灯，当然可以使用为水族箱专门设计的聚光灯，它们能被安全地固定在天花板或墙上，导线与合适的电源相连。应将电灯连接成可以开关的电路，以便根据需要开关电灯（图292）。

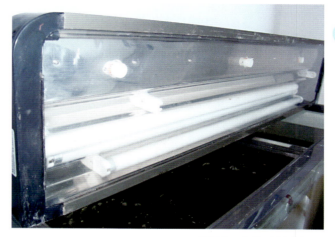

图292 安装并调试灯具

（44）安装二氧化碳发生器。将二氧化碳发生器按要求安装好，尤其是在水草箱中更要及时安装，以确保水草的生长发育（图293）。

（45）配套设备的测试。启动过滤器和沉水马达。捞出水中残叶，擦净水族箱内面玻璃。盖上水族箱盖板，把灯打开。待一切安装完毕，可以接通电源，启动过滤装置、加热设施和照明装置，进入正常的工作状态，一天后再启动二氧化碳发生器。调整通气量和滤器的水流速，确定它们不会太大。每隔1小时测量水的温度，必要时校正温度自动调节器。

（46）检测pH和硬度，有必要时进行调节。

（47）水族箱的试用。待一切都已安装好，此时要进行水族箱的试用，方法和步骤主要如下：安装好

图293 安装二氧化碳发生器

荧光灯的水族箱顶盖应在此时定位，并将控制器连接到电缆盒或多孔插座上。最后，应检查一遍电系统，如果一切正常，则将电缆盒或多孔插座连接到电路主干，打开开关。这时候水是凉的，加热棒应处于工作状态，"开"的指示灯亮。如果不亮，需从电源开始端断开所有电路，手摸加热棒应该是温热的。如果

加热棒不温热，应重新检查电路。如果电系统安装正确，你就应该怀疑是否设备有问题。如果你有一个很专业的电工助手，会对所有的电路和设备进行检查，这样会迅速而简单地发现问题所在。打开过滤器的开关，检查它是否工作正常。许多养殖者通常选择在栽种水草后1~2天才开始使用过滤器，以使植物在接受水流冲击之前扎根。还应检查照明用具，但在栽种植物之前没有必要打开照明灯。24小时以后，尽管可能需要做一些精确的调整，但水族箱内的温度已接近工作温度。开和关之间的温差范围从1~1.5℃是完全可以接受的。在气泵和（或）气流达到平衡之前，进行调节也是必要的。

（六）水草同居鱼的放养

（48）养水。让淡水水族箱每天接受12~15小时的光照，持续1周，并调整温度等各项水环境指标。在这期间，水族箱中的水可能会变浑浊，但这是相当正常的。当滤器中的生物开始活动后，水将在几天内清澈起来。在海水水族箱成熟过程中，会有一个叫做"亚硝酸盐危机"的时期。这个时期可能会持续一个月乃至更长的一段时间，这主要取决于水温和细菌的数量，因此放养的工作要做得格外认真。实际上，海水水族箱需要一年才能完全成熟。

（49）按需选择观赏鱼。买经过检疫的鱼或经过适应性饲养的鱼，或者在一个独立的水族箱中让所有的鱼先适应性饲养约一周时间。如果买的是无脊椎动物，就要进行更仔细的观察，因为许多种类的状态是通过细微的行为表现出来的。如果想购买某条鱼，就要仔细观察它是否有损伤和疾病。健康的鱼应该是鱼鳍完整、眼睛明亮、游泳姿势正常、呼吸缓慢均匀，身体上无伤痕、病变、斑点和溃疡（图294）。

（50）选购好的热带鱼。已经选购好的观赏鱼一定要满足需要（图295）。

（51）观赏鱼的运输。通常把鱼装在透明塑料袋内，外面再套一个棕色的纸袋或提物袋。如果要将鱼运到很远的地方（如超过1小时的路程），则要使用两个塑料袋，并带有氧气。这样才能保证到家时鱼处于良好的状态，而不会由于途中缺氧而发生应激。两个袋子，一个在里面，另外一个套在外面以防漏水。

（52）让鱼适应水族箱内的水温。将选购的鱼只带回家中后，为避免环境的急剧改变给鱼只带来的紧迫感，不宜马上放入水族箱。先将装鱼的塑料

图294　仔细挑选喜爱的观赏鱼

图295　选择的观赏鱼

图296　刚购回的观赏鱼试水

袋整个浸泡入水族箱中，经过半小时使内外水温协调一致后，打开塑料袋，往袋中加水打气，并每间隔五分钟加一次水，重复3~4次，使鱼能完全适应水族箱的水质（图296）。

（53）将鱼轻轻放入。关上水族箱的照明灯，取出袋子，把它们悬浮在水族箱的上面，等待袋中的水温与箱中的水温平衡后即可放鱼。解开袋子，用水族箱中的水替换袋中1/4的水，放置10分钟，然后轻轻地将动物放到水族箱中。大部分鱼在离开袋子之后，会在新家中快乐地游动。约1个小时之后，可重新打开照明灯的开关。可能有些鱼会由于应激过度而伏于水底或藏在水草中间，此时决不可以用棍棒或手捅拨而惊扰它们。可关上光源，让它们保持安静。这样，第二天早上你再观察时，它们可能已经康复了。经两周后放入其他喜欢的鱼，并小心喂食。注意每1厘米长的鱼需2升的水量，饲养不要超过此比例（图297）。

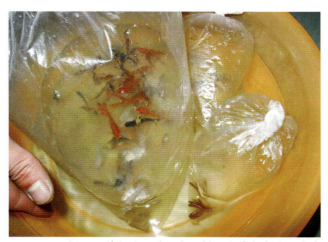

图297　将调试好的观赏鱼倒入造景完毕的水族箱

（54）如果以上的步骤是在傍晚或上半夜完成的，鱼类和会移动的无脊椎动物就有足够的时间在它们喜欢的自然光条件下去熟悉它们的新环境。它们就可以仔细查看水族箱的环境并找到适合夜晚藏身的处所，而不必在水族箱灯光的照射下来做这件事。它们也就能够在慢慢变亮的自然光下，开始它们在水族箱中的第一天。经过半个月后的精心饲养，就可达到预期的效果。

（七）水族箱的维护

（55）定期检查水族箱，包括检查鱼的活动情况，水草的生长情况，是否有病害、敌害等，检查水族箱饲养生物的健康状况，如有必要，将被感染的鱼移出水族箱进行治疗。检查是否有繁殖活动，若有，将鱼苗或正在追逐的亲鱼移到适当的地方

（56）随时检查水温，防止加热棒损坏导致水族箱的生物受到伤害。

（57）每天坚持精心饲喂。

（58）定期测试水族箱的水质（图298）。

（59）测试水质与正常值相比较（图299）。

（60）定期清洗水族箱（图300）。

（61）有条件时还要定期换水（图301）。

（62）定期添加营养肥料（图302）。

图298　定期测试水族箱的水质

图299　测试水质与比色板比较

图300　检查并清洁水族箱

图301　大型水族箱换水

图302　添加肥料

但是它们却能变化出好几十种变幻莫测的色彩，让人赏心悦目、爱不释手。还有静态的形，鱼体形状因种而异，如玻璃猫全身透明，骨骼与内脏清晰可见，形态独特；鲟龙和东洋刀的构造原始奇特；水泡眼金鱼两只大水泡轻轻摇动，潇洒自然；龙睛金鱼的眼睛炯炯有神。

其次，就是动态中的态即体态，它犹如人的气质，如金鱼、普通神仙和七彩神仙的泳姿温文尔雅，而锦鲤、龙鱼则刚劲有力，突出了一种阳刚之美。另外就是性，包括生活习性，如反游猫以腹部朝上背朝下方式游动，灯科鱼类以群游出没，接吻鱼爱接吻，老鼠鱼爱啃食水族箱壁上的藻类，高射炮用口喷射水柱击落空中昆虫等各具特色；还有就是繁殖习性，如斗鱼生殖时雌雄拥抱交配产卵，七彩神仙鱼产卵孵化出的仔鱼则需吸食亲鱼身上的分泌物，非常类似哺乳类的哺乳行为。这就是说，一般可以从鱼体的颜色、体形、体态及习性四个方面去综合鉴赏和评价一条观赏鱼（图303）。

图303　白皮球

四、水族箱的欣赏

水族箱的欣赏主要体现在三个方面：赏鱼、赏器和赏景。

（一）赏鱼

观赏鱼的种类繁多，姿容各异。锦鲤温文尔雅，仪态大方；金鱼色泽艳丽，姿态动人；热带鱼色彩鲜艳，体态潇洒；海水鱼更是习性奇特，艳丽出众。对观赏鱼本身的欣赏，可以从静、动态两大类的"色、形、态、性"四全方面出发。

首先，可以从静态的色开始，即体表色彩的种类、分布、深浅和反光度等。如锦鲤体色基本上可分为红、白、黑，三体系错综搭配，而且层次分明，闪闪生辉，给人一种立体感，因而锦鲤被喻为"水中宝石"；七彩神仙的体形基本上是一致的，

（二）赏器

观赏鱼形态固然是主要欣赏对象，但是养殖器具的欣赏也是不可缺少的。观赏鱼的养殖器具包括饲养设备，也就是水族箱、水族器材及造景特征等，其欣赏与评价可以从以下三个方面来看：

一是在装饰上，造型是否具有时尚性，犹如家具一样要入时。

二是在功能上，维生系统是否具有先进性，犹如各种电子设备一样现代化。

三是在效果上，整体操作是否具有简便性，像电脑照相机（傻瓜机）一样易操作，不需任何专业知识的各阶段层人士皆会使用。

此外，作为专业人士或鱼迷更多会关心维生系

图304 多节水族箱

图305 单柜生态缸

统，即水处理设备方面的种类、型号、产地和性能等方面的知识，而一般爱好者则更多地欣赏多姿多彩的水族箱及造景物。

传统的养鱼容器用陶、瓷、朱沙、黏土等烧制及用木制成的各种容器表面饰有花鸟仕女或吉祥如意的图案，作为精致的工艺品，装饰于庭园和厅堂，有古色古香古韵的意境，以达到远则赏器、近则赏鱼的目的。

目前，家庭则用各种一次成型的水族箱，形态各异（图304、305），可吊挂装饰，也可供桌上欣赏。玻璃缸主要盛放金鱼、热带鱼等小型观赏鱼类，可以利用盛器的色泽来衬托观赏鱼的体姿，使它们的姿态更加艳丽动人，都有极高的欣赏性。

（三）赏景

室内家庭水族箱的布景主要是以鱼衬景，常用山石、水草、饰物点缀观赏鱼，我们通常所说的水族箱造景欣赏就是指这方面的赏析。具体的赏析在下一节中详细欣赏。

五、水族箱的造景设计

为了方便读者和水族箱爱好者赏析水族箱造景，进而能动手营造自己的水族世界，本章在笔者从事多年的水族工作中，从常见的水族箱造景设计中选择了不同造型、不同角度、不同艺术品味的水族景观160余幅，其中有近20幅来自国外友人的赠送，包括近年来日本、德国、中国台湾等地的水族造景获奖作品，以飨读者。

赏析水族造景主要从作品艺术性、结构合理性、生活情趣性等多方面入手，仔细品赏，方能回味绵长，并体验到造景师的匠心独具，意境优雅。

87

（一）金鱼、锦鲤水族箱造景设计

（1）各居其所　这个圆柱形的玻璃箱无疑就是城市中的一幢幢高楼大厦，在不同水层游动的金鱼就好比在大厦各个楼层中生活的居民，它们各安其位，各居其所，和平共处，其乐融融（图306）。

（2）红与黑　著名的小说《红与黑》中的男主人公于连和市长夫人之间的婚外恋情世人皆知，而本水族箱正是西方花花世界的写照，两尾红黑鲜明的金鱼代表于连和情人，它们正在一个角落里缠绵绯恻地幽会（图307）。

（3）闹春　霞烟飞腾，紫气东来，在山青水秀的江南，群鱼幻化的众人正在四处闹春，这正是造景师的忠心祝福（图308）。

图307　红与黑

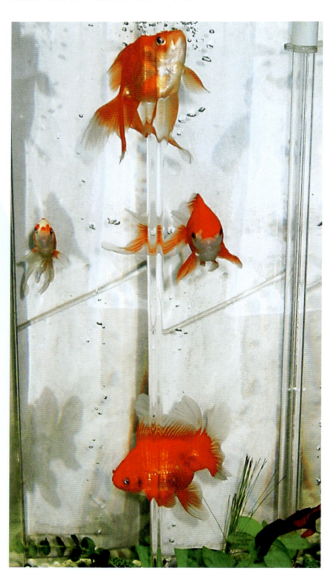

图306　各居其所

图308　闹　春

（4）平分春色　这是一幅非常对称的暮春景色，水族箱中间以小圆叶居中并作为分界点，两边分别用石材、水草均匀地分列，而金鱼也有心成就此景，正在两边偷着乐呢（图309）。

（5）相依共存　碧绿的水草、洁白的石材、灵活的金鱼，这种有生命与无生命、植物与动物之间互相紧密地依偎在一起，表现了在自然界一种和谐协调的意境（图310）。

（6）玉石山独舞　通过对五彩沙石和玉石的处理，整个画面便成了寒气逼人的玉石山，孤独的金鱼就像一位翩翩起舞的红衣女子，向心上人倾诉着什么（图311）。

图309 平分春色

图310 相依共存

图311 玉石山独舞

（二）热带鱼水族箱造景设计

（1）庇护 这是一幅模拟南美洲亚马孙自然流域的造景图。采自巴西的沉木设计成一棵参天大树，而在树旁来回游动的灯鱼则是弱者的化身。它们在河流中嬉戏玩耍，一遇到风吹草动就躲在大树底下寻求庇护（图312）。

（2）静谧 这是一幅静谧的夜景图。造景师采用黑色的底板作为背景，两块巨石既似村落，又似远处的大山，红绿的水草挺立，犹如森林，来回游动的热带鱼好似自然界的小精灵，一切显得如此安详、静谧（图313）。

（3）穿梭 这是一幅海底世界图，密布的水草，稀疏的石材，众多的游鱼在此间来回穿梭，好一派繁忙景象（图314）。

（4）高处不胜寒 苏东坡的"高处不胜寒，起舞弄清影"千古流传，几块嶙峋的巨石象征着高高的山峦，而围绕山间巡游的鱼儿正是起舞的鸟儿，它们只能在山腰间盘旋，无法享受"高处不胜寒"的意境（图315）。

（5）吊秋千 一根藤蔓悠悠地伸展过来，就好像树梢上的秋千，而珍珠马甲一尾在上、一尾在下，就好像两只在树梢上玩耍的猴子，一切都是那么传神（图316）。

图312 庇护

图313 静谧

图314 穿梭

（6）**对台戏** 这是一幅相当对称、均衡的造景图，左右两侧分别用两株巨大的红蛋叶作为主景草，好像正在唱戏的戏班子，而灯鱼和神仙鱼明显分为两队，一对前往左侧凑热闹，另一队则在右侧捧场（图317）。

图316 吊秋千

图315 高处不胜寒

图317 对台戏

图318　顶天立地

（7）顶天立地　造景师用两块沉木搭成人字形，再用碧绿的鹿角苔来昭示生命。这个有生命的"人"上端接近水面（好似顶天），下端则植根于底沙中（犹如立地），象征一个顶天立地的男子汉（图318）。

（8）夫妻双双把家还　精致的门楼，门前一块块绿化的草坪，旁边还有蒿芭墙围成的花园……你看那燕子鱼成双成对往家赶，好像家中来了贵客，哦，原来那边来了一对红剑鱼和一对蓝孔雀，它们可是远在他乡的姑娘和姑爷回家串门呢（图319）。

（9）龟山新景　"龟蛇锁大江"是武汉的一大景观，本景正是按照长江天堑而营造的，唯一不同的是，龟山的景观已经有了很大的改变，两只千年老友——神龟正俯视在山巅上，感叹新世界的变化（图320）。

图319　夫妻双双把家还

图320　龟山新景

图322 濠上观鱼

（10）**过桥** 溪水清清阻断路，小桥横跨铺坦途，整齐排队排前方，水族造景立意殊（图321）。

（11）**濠梁观鱼** 庄子与惠子游于濠梁之上。

庄子曰："有鱼出游从容，是鱼之乐也。"惠子曰："子非鱼，安知鱼之乐？"庄子曰："子非我，安知我不知鱼之乐？"惠子曰："我非子，固不知子矣；子固非鱼矣，子之不知鱼之乐，全矣。"小桥上的两位老人就是庄子与惠子，他们正在观赏上面的游鱼，并作出富有哲理性的争论（图322）。

（12）**绿意盎然** 绿色的水草、绿色的灯鱼、绿色的背景，一切都昭示了春天的绿意（图323）。

（13）**群鱼闹春** 春天到了，一切都是绿的世界；春天到了，鱼儿到处嬉戏（图324）。

图321 过 桥

图323 绿意盎然

图324 群鱼闹春

（14）让开大道，占领两厢　水族箱中间有一条用细沙石铺成的沙石小路，而两侧则由巨石及水草浑然天成地分为道路的两旁，所有的游鱼都在两边嬉戏，这种置景格局，让人想起了毛泽东当年要求东北野战军对待东北政局时的态度："让开大道，占领两厢。"（图325）。

图325　让开大道，占领两厢

（15）三国演义　通过整幅画面，可以看出水草红的不红、绿的不绿，显出一种肃杀的氛围，而红剑等鱼上上下下不停地游动，好似三足鼎立前的群雄混战。而三块石头则暗示着魏、蜀、吴三国，石头上的两人则是当年的刘皇叔刘备和孔明先生诸葛亮，在隆中的小屋里，在谈笑风生之间，已经"三分天下，纵论江湖"了（图326）。

（16）偷着乐　闲来无事偷着乐，是南方农家人的一种自娱方式。整个画面采用简单的白描手法，通过两块不同的石头及不同的水草搭配勾勒出了不同的土地，而各种高低不同、色彩迥异的水草则代表了高粱、水稻等不同的农作物，这些农作物在田地

图327　偷着乐

图326　三国演义

里你追我赶地竞相生长之时，正是农民农闲之际。这位老农在自家门前摆好了龙门阵，一个人在摆着棋谱偷着乐呢（图327）。

（17）**突围而出**　背景较深较黑，造景是丛生的树木和山石，一切都显得沉闷阴郁，好像是重重围堵一样，一尾马甲奋力从丛林中突围而出，就像一支在十面埋伏中突围出来的部队一样（图328）。

（18）**仙子下凡**　水草和巨石组成了一个凡间尘世的景观，那些从天而降的花神仙、黑神仙无疑是披花衣、着黑衫的仙女，她们向往人世间的温情，纷纷从仙界下到凡间，品味凡尘的款款温馨（图329）。

（19）**乡间小路**　一条由小碎石铺成的乡间小路，路旁是瘦石嶙峋，蓑草满地，离乡多年的游子正踏上回家的乡间小路（图330）。

图328　突围而出

图329　仙子下凡

图330　乡间小路

（20）燕子回归　"小燕子，向南飞，每年春天来这里，我问燕子为啥来？燕子说，这里的春天最美丽"，稚声稚语的童谣唱出了燕子回归的原因，是这里的春天最美丽——山青青、水清清、草油油、树绿绿（图331）。

（21）考古　在原始森林中，一块化石引起了考古科学家（燕子鱼幻化而成）的注意力，经过仔

细考察，哦，原来这是一颗价值连城的恐龙蛋（图332）。

（22）相聚　长期分居两地的情人终于相聚，瞧，他们正紧紧地握手相拥呢！造景师通过将沉木设置成一对分居的情侣，一旦相聚，众多的亲人和朋友们都在不停地跳舞祝福他们的相聚呢（图333）。

图331　燕子回归

图332　考　古

图333　相　聚

图334　鱼戏莲叶间

（23）鱼戏莲叶间 "鱼戏莲叶东，鱼戏莲叶西，鱼戏莲叶南，鱼戏莲叶北……"一株株水草就像破水而出的荷叶，那些鱼儿正不停地在莲叶间嬉戏玩耍呢（图334）。

（24）空山新雨后，清泉石上流 "空山新雨后，清泉石上流"，一首脍炙人口的诗句，让人感到几许丝丝的清凉。在这幅景致里，造景师通过气泡效果，传神地营造出雨后初霁，那山中湿漉漉空气的效果，而背景则是以气泡幕的形式预示着山雨欲来的山村景色。（图335）。

图335 空山新雨后

（三）海水鱼无脊椎动物水族箱造景设计

（1）步步登高 只有坚实的根基，才能步步登高，才能鲜花盛开（图336）。

（2）拜访 "有朋自远方来，不亦乐乎？"远方的朋友进入这繁华似锦的城市中拜访多年的老同学，这么热闹的城市，看得他眼花缭乱，瞧，他连老朋友的家都找不着了（图337）。

（3）采蜜 百花丛中鲜花怒放，小丑鱼和炮弹鱼就像是忙碌的蜜蜂，在花丛中飞来飞去不停地采蜜呢（图338）。

图336 步步登高

图337 拜访

图338 采蜜

（4）层峦叠障　一块块或平扁或圆圆的珊瑚礁层层相叠，形成了一道天然的屏障（图339）。

（5）卖油郎独占花魁　《三言二拍》中有一个故事就是"卖油郎独占花魁"，不信你瞧，那绚丽夺目的花朵不就是当年的花魁王美儿吗？依偎在花魁温柔乡里的小伙子不正是那个"抱得美人归"的穷小子卖油郎吗（图340）。

（6）更上一层楼　"欲穷千里目，更上一层楼"，为了更好地赏析远方的美景，由海葵幻化的游人一步一步地登上最高山峰，极目远眺（图341）。

（7）海底公园　游鱼在穿行，珊瑚自由开放，海葵盛开，一切都好像是花园一般美丽，原来它就是海底公园嘛，当然会给人以美的享受了（图342）。

（8）贺喜　每逢开张大吉或其他喜事来临时，门口总会摆放许多友人送来贺喜的花篮，瞧，这些竞相开放的海葵不正是一只只漂亮的花篮吗（图343）。

（9）花团锦簇　人生如画，人生如花。这幅景观用盛开的海葵比作怒放的鲜花，用灰三角倒吊来衬托这幅美丽的画卷（图344）。

图339　层峦叠障

图342　海底公园

图340　卖油郎独占花魁

图343　贺喜

图341　更上一层楼

图344　花团锦簇

（10）**快乐** 劳动着，快乐着。在鲜花烂漫的山顶、山腰间，几尾海水鱼好像是勤劳的山民，正快乐地开发这块宝地（图345）。

（11）**漫山遍野** 长短大小不一的礁石组成了绵延不绝的山峦，绿海树生长在礁石中，犹如漫山遍野的绿意（图346）。

（12）**怒放** 这是一个海葵和珊瑚全面开放的景观，一切都是这么美好，这种美丽的海底世界让人心花怒放（图347）。

（13）**石孔桥** 这是一座千年古桥，仿佛赵州桥，两个主进水孔的外侧上方都有几个分水孔，当然这也是鱼儿的乐园（图348）。

（14）**赏菊** 一朵朵洁白的菊花在开放，一位品菊专家正在菊花周围惬意地欣赏菊艺呢（图349）。

（15）**狮子怒吼** 这是一幅十分传神的狮子造型，看那尾巴上翘且尾毛张开，狮头也摇摆不停，发出了一声声惊天动地的怒吼（图350）。

图347 怒 放

图348 石孔桥

图345 快 乐

图349 赏 菊

图346 漫山遍野

图350 狮子怒吼

图351 铁肩担道义

图352 园艺造景

图353 争 春

（16）铁肩担道义 金圣叹的一句诗"铁肩担道义，辣手著文章"让人感叹万分，看那右侧开放的海葵，将两边行将分离的部分紧紧地连接在一起（图351）。

（17）园艺造景 在布满珊瑚的国度里，各种珊瑚布满了整个山谷，伫立在山巅的是香菇珊瑚，而谷底绽放的正是一簇簇的野百合，静候微风吹拂带来夏季的消息（图352）。

（18）争春 春天到了，花儿开放了，鸟儿飞翔了，鱼儿游动了，天也晴朗了……（图353）。

（19）捉迷藏 你躲我藏，你进我出，探望洞穴，寻幽深隧，这些海底精灵正在玩耍捉迷藏呢（图354）。

（四）水草造景设计

（1）坐标 红荷根那宽大的心形叶子无疑是具有吸引力和号召力的，也是一种信念的坐标。周围那一丛丛绿色都在衬托着那一块红色，近处红剑鱼在红心旁穿梭来往，昭示着一种信仰、一种理念的坐标（图355）。

（2）春游 春天到了，鲜花盛开，草木吐绿，该是春游踏青的季节了。到野外走一走吧，呼吸新鲜空气，享受大自然的美景（图356）。

（3）故乡的小桥 "少小离家老大回"，回到阔别已久的家乡，山更青了，水更绿了，草更肥了，只有故乡的小桥还在静静地等候着我的归来（图357）。

（4）红蝶报春 "只把春来报"，由红蝴蝶幻化而成的蝴蝶，在向人们汇报春天的喜悦和美景（图358）。

图354 捉迷藏

图356 春 游

图355 坐 标

图357 故乡的小桥

图358 红蝶报春

（5）会当临绝顶 由千层石组成的石块代表着山峰，只见一尾青苔鼠鱼恰到好处地游在石块的上方，就好像游人历尽千辛万苦登上山头，那"会当临绝顶，一览众山小"的气魄顿时涌现胸口（图359）。

（6）家乡的小路 身在城市中，常回忆起家乡那铺满碎石的小路，那条小路一头连着美好的家，一头连着外面的精彩世界；那条小路，虽然泥泞，虽然乱草丛生，却让我拥有长长的回忆（图360）。

（7）老来乐 "夕阳无限好，晚霞别样红"，在一棵老树下面，一条小河畔旁，有两位老者在一边家长里短地谈论，一边兴趣盎然地下棋，其中一位老者可能是悔棋耍赖吧，到河边乘机洗洗手，歇一歇，尽情享受老来乐的情趣（图361）。

（8）黎明 整幅画片是阴沉灰暗的，隐隐约约的远山与近处昏暗的景观，共同营造了黎明到来之前特有的气氛（图362）。

（9）老树发新枝 水草造景师把一形状多样怪异的沉木设置成一棵已经枯死的树木，然后用尼龙细线把莫丝轻轻地缠在上面，营造一片绿意盎然的春意，让人感叹老树发新芽，旧貌换新颜（图363）。

（10）群芳妒红 红色是热烈的，红色是有生命的，红色也是最招人嫉妒的。在这个花园里，大家都远远地离开红色水草这个好朋友，原来这就是嫉妒啊（图364）。

（11）三八线 三八线是一道两地阻隔的屏障，三八线同时也是一道隔墙相望的风景，由沉木和莫丝构成的三八线隔离墙，将两地同胞无情地隔

图359 会当临绝顶

图361 老来乐

图360 家乡的小路

图362 黎 明

图363 老树发新枝

离开来（图365）。

（12）深山老林 在深山老林中，山是青灰色的，山峦绵绵不绝，老林中的各种灌木、乔木都杂生在一起，构成了原始森林的景观（图366）。

（13）思乡桥 "一桥飞架南北，天堑变通途"（图367）。

图364 群芳妒红

图365 三八线

图366 深山老林

图367 思乡桥

图368 送　别

（14）送别 "送你送到小村外，有句话儿要交待……"一首《走西口》，让分别的情哥情妹牵肠挂肚。图中的红蛋叶幻化为在家中等候的妹妹，而红蝴蝶则幻化为即将飞往远方寻梦的情哥哥，面对离别情景，妹妹在向哥哥嘱咐着什么？你想听吗？（图368）。

（15）天堂之门 天堂是美好的，是令人向往的，通过这道门、越过这道坎，前方就是梦想的天堂。但是天堂也不是好进的，首先要冲破重重险阻，披荆斩棘后方能称心如愿（图369）。

图371 微风拂面

图369 天堂之门

图372 夕阳红

图370 团团圆圆

（16）**团团圆圆** 造景师将整个画面设置得喜气欢乐、团团圆圆，寓示着合家团圆，幸福美满（图370）。

（17）**微风拂面** 这是一幅春游野景图，和风吹来，树梢点头，一股清新的春天气息拂面而来，令人心旷神怡（图371）。

（18）**夕阳红** 夕阳的余晖照耀在大地上，一切都显得那么辉煌，那么宁静。本景的主色调以夕阳红为底调，而水草也以红色系色调为主，给人以晚霞的温暖、亲和感觉（图372）。

（19）**英雄冢** 英雄四海为家，生是堂堂人杰，死亦落户英雄冢……在这里仅有尸骨埋沙滩，在这里仅有几块同伴的墓碑而已（图373）。

（20）**咏梅** 绿色的水兰、圆对叶、莫丝和矮珍珠共同衬托出红红的蝴蝶，表达了对红色的敬意和爱戴，而这红蝴蝶最易让人联想起那傲雪报春的红梅，这也是水族造景师们常用的比拟手法，于是"沁园春·咏梅"便应运而生（图374）。

（21）**游龙** 中华民族是龙的传人，长城是中华儿女的骄傲，而长城和游龙有一个共同的特性就是绵延不断，青春永驻。本景以多个沉木搭配为主景，配上莫丝，焕发青春活力，象征中华儿女自强不息、拼搏上进的精神（图375）。

（22）**一帘幽梦** "昨夜风疏雨骤……唯有一帘幽梦"，通过气沙石在水族箱不同部位控制气泡，形成一个雨帘，而在帘内用暗色调来比喻人的心情灰暗，心绪悲伤（图376）。

（23）**至尊** 一棵古老苍劲的沉木后面，昂然伸出一株紫红

图373 英雄冢

图374 咏梅

图375 游龙

图376 一帘幽梦

的蛋叶，傲视四周的绿草。"红花尚需绿叶衬"，一点不错，也只有"绿"才更能突出"红"的至尊贵（图377）。

（24）众星捧月 本景的造景思路巧妙，技法熟练，先用主景高大的红蝴蝶呈三角形设置，好像一轮明月，而周围采用绿色的凤尾苔和沉木团团包围，形成一个众星捧月的景观（图378）。

（25）追寻 底沙洁白干净，水草郁郁葱葱，几尾游鱼正兴高采烈地往前飞奔，原来他是在追寻希望之梦（图379）。

图377 至 尊

图378 众星捧月

图379 追 寻

（五）生态缸造景设计

（1）**放牧** 大青山脚下，一片绿色的草甸上，一群绵羊在草地上悠闲地觅食，在旁边放牧的则是口叼烟斗的牧民。本景以堆砌的石材模拟大青山，以生态缸的水面部分喻为绿意盈盈的大草甸，在缸上部分的饰物则幻化为一只只温顺的绵羊（图380）。

图380　放　牧

（2）**楚河汉界** 在象棋棋谱上两军对垒时，中间有一条楚河汉界。而在本景中，两侧分明就是两支即将开战的军队，在中间就是那宽阔的楚河汉界（图381）。

（3）**倒春寒** 这是刚从严冬走过的景观，高耸的山峰上还有几许未来得及融化的冰雪，山上只有为数不多的大树，水下的造景在那肃杀的寒风余威里，水草也一棵棵地微斜，以躲避寒风的侵袭（图382）。

（4）**船钓** 韩愈的"孤舟蓑笠翁，独钓寒江雪"千古传唱。这幅景观用石块和植被营造的山是

图381　楚河汉界

图382　倒春寒

银白色的，颇像那银装素裹的寒冬，而钓翁垂钓时坐着的就是一条小船（图383）。

（5）飞流直下三千尺

"飞流直下三千尺，疑是银河落九天"。本景用水泵将底层的水循环到最上部，营造出从山顶飞流直下的跌落式瀑布（图384）。

图383 船 钓

图384 飞流直下三千尺

（6）富贵长存　这是送给老人的掌中缸，整个格局都蕴藏着富贵团圆、幸福美满之意，沉木及

水草营造出一种向上、向上、再向上的意境，寓示家道富贵、发达兴旺、家和万事兴的意思，春节时送给老爷子，准能得头彩（图385）。

（7）灌溉　"问君哪能清如许，为有源头活水来"。礁岩造景用孩童踩水车作比，突出了开山劈谷引水的艰辛，但是为了丰收的保证，百姓的幸福，必须及时浇灌（图386）。

（8）老有所乐　老友相聚，在桥边席地而坐，大侃当年的奇闻趣事。而另一位老者，则来到鸽舍饲喂宠鸽，个个都在颐养天年，老有所乐（图387）。

（9）齐眉并举　本生态缸造景并没有将缸上造景和水下造景截然分开，而是融为一个整体，整个画面用石材并行组合成两个相似的图案，在上面种植相同的陆生植物，给人以一种齐眉并举、夫妻共进的意境享受（图388）。

图385　富贵长存

图386　灌　溉

图387 老有所乐

图388 齐眉并举

（10）奇峰深潭 秀美的树木，奇险的山峰，下面是深不可测的潭水，整个造景寓意深刻，突出了祖国的秀美山河（图389）。

（11）热恋 这是最适合赠与热恋朋友的礼物，礁岩景观通过拟人化的手法，两人相依相偎，心手相牵，寓意热恋得如漆似胶，甜蜜恩爱，而水下景致则用喜庆祥和的比拟手法，祝福恋人的生活更加美满恩爱（图390）。

（12）听取蛙声一片 "稻花香里说丰年，听取蛙声一片"。水下景观好似稻田附近的池塘，一群呱呱鸣叫的青蛙刚从池底跳上稻田，在向农人诉说今年又是一个好年景（图391）。

（13）仙境 这里云蒸霞蔚，这里花香草绿，这里神龟贺寿，这里鹤发童颜，这是只有在蓬莱仙境才能见到的景观（图392）。

图389 奇峰深潭

图391 听取蛙声一片

图392 仙 境

（14）险峰绝境 金沙江畔，大渡河边，高大耸立的巨石既营造了金沙江边的悬崖峭壁，又暗示了石达开将军率领的太平天国将士在清军的围追堵截下毫无逃脱生机的背景；水下景则用灰暗的色调和几株稀疏的水草，营造出前途渺茫、破敌无望的情景（图393）。

（15）望夫石 这是一幅模仿长江瞿塘峡的山河造景。礁岩造景部分用岩石和植被，通过远景近

图390 热 恋

112

观的表现手法营造出大江两岸，下面的水草部分则寓示着水底世界。在江水急流的中间有一块巨石突兀出水面，石块上站着一位美人，遥望远方，这就是有名的"望夫石"。面对前方的丈夫，她日思夜念，相思相守，相思之泪化为滚滚波涛，感动上苍而化为望夫石（图394）。

图393　险峰绝境

图394　望夫石

（六）掌中缸造景设计

（1）**明明白白我的心**　这是热恋情人临分别前的礼品，面对外面的花花世界，一定不要忘记我们曾经的约定——相守相爱。那美丽漂亮的孔雀鱼则暗示着花花世界的诱惑，情人告诉对方，面对诱惑，要不为所动，挺直胸膛，此情此景，一首歌谣在耳边回荡："送你送到小村外，有句话儿要交待……外面的世界太精彩，不要忘记家中有我在等待……"（图395）。

图396　独立特行

图395　明明白白我的心

图397　天网恢恢

（2）**独立特行**　独立特行的魅力就在于标新立异，在于不畏人言，在于勇敢拓新，在整个掌中缸均用绿色系水草时，只有红色系的红蝴蝶勇敢地居于中间，接受人们的审视（图396）。

（3）**天网恢恢**　这是用红海树营造的一个景观，喻意很明显——天网恢恢，疏而不漏（图397）。

（4）**依偎**　这是热恋情人的赠品，他们的心愿是思思爱爱；像两侧的水晶一样，以爱心的名义，永远依偎在一起，互相促进、互相进步，百尺竿头（图398）。

（5）**团聚**　南来北往的人相聚，同学同事相聚，亲朋好友相聚，聚会一堂，举杯畅饮，在一个共同的目标下，我们聚在一起，这款掌中缸就传递这个信息！不信？你仔细品味吧（图399）。

图398　依　偎

图399 团 聚

图402 青藤缠树

（6）挖掘宝藏 这是一款目前最新颖的掌中缸，宝藏一般都藏匿在隐蔽的地方，要想获得宝藏，既要辛苦挖掘，同时又要小心谨慎，在夜幕下偷偷进行（图400）。

（7）门前大桥下 几年前一首童声稚语的歌谣："门前大桥下，游过一群鸭，快来快来数一数，二四六七八……"造景师将这首温馨的乡间小调融合在整个造景中，一座古老的石拱桥营造出缓缓溪流，一群纵情嬉戏的水鸭把我们带到了江南水乡那秀美的湖网之地（图401）。

（8）青藤缠树 自古就有藤缠树，何来见到树缠藤？这是一款女孩送给心中男孩的掌中缸，告诉心

图400 挖掘宝藏

图401 门前大桥下

图403 迎客松

115

上人她会在耐心地等待他，而且终生依赖他，这下子该满足你那大男子主义情节了吧（图402）。

（9）迎客松　险峻的黄山，峭壁悬崖，在壁立千仞的崖边生长着一棵棵迎客松本身就是黄山的一大美景，它代表了好客的安徽人民敞开胸怀广交四海宾朋。这款造景最适合送给好朋友（图403）。

（七）饰物造景设计

（1）直钩钓国　姜太公用笔直的鱼钩在溪水边钓鱼，旁边牧童取笑他，他不为所动，并说："姜太公钓鱼，愿者上钩"，后来果然钓上了一条大鱼——周文王，他被拜为相国，取得成功（图404）。

（2）宝塔镇河妖　这是当年杨子荣上山时面对匪徒盘问时的一个经典黑话，用于此景最恰当不过了。古有河妖会兴风作浪，只有宝塔方能镇住，故此景用别致的宝塔设在小桥上，用来

图404　直钩钓国

图405　宝塔镇河妖

图406　乘凉

镇住河妖，确保一方平安（图405）。

（3）乘凉　这是一片绿意葱葱的农村景象，水鸭嬉戏，农人在收耕之余，在树荫下的竹桥上小憩片刻。天气闷热，情不自禁地掀开上衣，露出了几分惬意的笑容（图406）。

（4）初恋的回忆　在门前一条弯弯流淌的小河中，两只相伴的水鸭勾起了在桥边石墩旁休憩老翁的思念之情。相嬉相伴的场景、对面依稀熟悉的小亭，回想起当年与心爱的她在此相约、相识、相知、相爱，不禁思绪万分……（图407）。

（5）钓鱼赛场　这是野外河流竞技钓的场面，垂钓高手们各自选好钓点，有的在紧张垂钓，有的已经抢起鱼竿，有的正在做鱼窝，可恼的是一群鸭子来捣乱（图408）。

（6）赶鸭的老爷爷　"赶鸭的老爷爷，胡子白花花……"为什么这么着急地赶鸭子呢？哦，原来左边有两位老友在等着他聊天呢（图409）。

（7）老哥俩　大山脚下，一户农家庭院里芳

图407　初恋的回忆

图410　老哥俩

图408　钓鱼赛场

图411　两岸猿声啼不住，轻舟已过万重山

图409　赶鸭的老爷爷

图412　两只黄鹂鸣翠柳

草丛生，几头老牛正在休憩，远方的老友过来串门，老哥俩就在门口迫不及待地摆下了龙门阵（图410）。

（8）两岸猿声啼不住，轻舟已过万重山 宽阔的江面，两旁是参天大树，江中一叶扁舟正顺水而下，稍瞬即逝，李白有诗赞曰："两岸猿声啼不住，轻舟已过万重山"（图411）。

（9）两只黄鹂鸣翠柳 在清幽的石涧旁，几株垂柳绿意盎然，两只相亲相爱的黄鹂鸟正诉说着相思之情。可惜没有白鹭作伴，要不就成全了一首诗："两只黄鹂鸣翠柳，一行白鹭上青天"（图412）。

（10）牡丹亭 清清溪水门前过，牡丹亭下故事多，密林深处好幽会，恩爱鸳鸯总传说（图413）。

（11）牧童晚归 这是一幅大山脚下、小桥流水河畔的牧童放归图。青色茂密的水草象征着

图413 牡丹亭

图414 牧童晚归

图415 农家乐

图416 探寻生命源泉

远处青翠欲滴的苍山，一座乡间特有的竹木桥下，缓缓摇出一只乌篷船，这是典型的江浙风景。在一块空旷的土地上，放牧归来的孩童，手持短笛，吹起了"读书郎"的歌曲（图414）。

（12）农家乐 一位钓翁在河边垂纶，不远处有位放鸭的老者，不断地撵着水鸭和钓翁嬉闹。在河的不远处则是一"幸福门第"，爷孙俩都在"熟读唐诗三百首"，享受天伦之乐呢！"小桥、流水、人家"的旁边，有山、有水、有草，可垂钓、可放牧、可读书，鸭子在水里欢游、小白兔在岸边觅食、天鹅振翅欲飞，动静结合，海陆空全方位地营造了农家乐的情趣（图415）。

图418 乡间的夏日

(13) 探寻生命源泉　生命之源是什么？——水；水的源头在何处？——大山的深处。各式各样的水草及石材，好似大山深处的高大树木及低矮灌木丛林，而各种鱼类幻化为辛辛苦苦寻找生命之水的人类，他们为了惠及后人，不惜披荆斩棘，寻找水的源头（图416）。

(14) 西游记　猴哥走在前面手搭凉棚，极目远眺，一是为了探路，二是为了查看周围有无妖孽出现，师傅唐僧一行正在后面缓缓跟来，这是西游记中最常见的取经图（图417）。

(15) 乡间的夏日　乡间的夏日是惬意的，青山绿水，生机勃勃，可以游泳，可以放木排，可以嬉戏，可以玩耍（图418）。

(16) 幽会　密林深处，一对恋人正在幽会，这里环境幽雅静谧，空气新鲜，而且私密性好，正是恋人们的理想去处（图419）。

图417　西游记

图419　幽　会

参 考 文 献

[1] 占家智，羊茜．观赏鱼养殖500问．北京：金盾出版社，2003

[2] 占家智，赵玉宝等．观赏鱼养护管理大全．辽宁：辽宁科学技术出版社，2004

[3] （英）迪克.米尔斯．养鱼指南．广东：羊城晚报出版社，2000

[4] 韦三立．养鱼经．北京：国际文化出版公司，2001

[5] 占家智等．观赏水草的栽培与饰景．合肥：安徽科学技术出版社，2004

[6] 占家智等．锦鲤养殖实用技法．合肥：安徽科学技术出版社，2003

[7] 占家智等．水产活饵料培育新技术．北京：金盾出版社，2002

[8] 许祺源．金鱼饲养百问百答．南京：江苏科学技术出版社，1999

[9] 王占海等．金鱼的饲养与观赏．上海：上海科学技术出版社，1993

[10] 汪建国．观赏鱼鱼病的诊断与防治．北京：中国农业出版社，2001

[11] Dr.CHRIS等．观赏鱼疾病诊断与防治．台湾：观赏鱼杂志社，1996

[12] 王鸿媛等．中国金鱼图鉴．北京：文化艺术出版社，2000

图书在版编目（CIP）数据

水族箱造型与造景设计大全/占家智主编． —北京：中
国农业出版社，2008.6
ISBN 978-7-109-12639-8

I．水… II．占… III．水族箱—基本知识 IV．S965.8

中国版本图书馆CIP数据核字（2008）第063411号

中国农业出版社出版
（北京市朝阳区农展馆北路2号）
（邮政编码 100125）
责任编辑 林珠英

中国农业出版社印刷厂印刷 新华书店北京发行所发行
2008年8月第1版 2008年8月北京第1次印刷

开本：889mm×1194mm 1/16 印张：8
字数：240千字 印数：1～5 000册
定价：58.00元
（凡本版图书出现印刷、装订错误，请向出版社发行部调换）